GAUTAM SEN

Die Traumgaragen der Maharadschas

HEEL

Vorwort

In den 1930er Jahren machte die Geschichte eines Maharadschas aus Ostindien die Runde, der London besuchte. Als Anhänger von Gandhi bevorzugte er die vom Mahatma empfohlene Kleidung, auch wenn er wahrscheinlich nicht wie ein „halbnackter Fakir" (Churchill über Gandhi) herumlief. Zweifellos trug er aber eine lange weiße Kurta, die erst wesentlich später dank der Hippies auch in der westlichen Mode eine Rolle spielte und ein ebenfalls weißes Dhoti, ein Tuch, das er sich um die Taille gewickelt hatte, und das wahrscheinlich dezenter ausfiel als das kurze Stück Stoff, mit dem Gandhi zu provozieren wusste. So bekleidet und äußerlich ohne jedes Zeichen seines Reichtums, betrat unser Maharadscha, der den Hang zum Luxus von seinen Vorfahren übernommen hatte, eine Rolls-Royce-Vertretung. Schließlich war er ein großer Liebhaber dieser Marke.

Leider wurde er vom Verkäufer nicht sonderlich ernst genommen und kurz und bündig vor die Tür gesetzt. Wütend über diese Beleidigung, schickte der Maharadscha einen seiner (mit Sicherheit besser gekleideten) Minister zum gleichen Händler und bestellte drei rollende Fahrgestelle, um sie nach Indien auszuführen. In Kalkutta eingetroffen, wurden die drei Chassis sofort in Müllwagen verwandelt und der Calcutta Corporation überlassen, die für die Beseitigung des Unrats in der Stadt verantwortlich war. Rolls-Royce hatte keine andere Wahl, als die Modelle zurückzukaufen, um sie mit passenderen Karosserien zu kombinieren und zu Freundschaftspreisen an andere indische Fürsten zu verkaufen. Natürlich erwarb unser Maharadscha nie wieder einen Rolls-Royce. Was ist nun Tatsache und was Legende an dieser Geschichte? Wie dem auch immer sei – Indien ist voller ähnlicher Geschichten, die die Begeisterung der herrschenden Fürsten für Automobile illustrieren. Das erste nach Indien importierte Automobil war übrigens im Jahr 1897 ein Benz, den ein gewisser J. B. Foster, der für das Unternehmen Greaves Cotton & Co arbeitete, bestellt hatte. Der Benz rollte in Bombay (heute Mumbai) auf indische Straßen. Bald eroberten die Autos auch die Straßen Kalkuttas, während der Kolonialzeit Hauptstadt von Britisch-Indien. Im Jahr 1898 importierte ein großes europäisches Unternehmen drei „Wagen ohne Pferde", die von einigen Fürstentümern bestellt worden waren. Die lange Liebesgeschichte der Maharadschas zum Automobil hatte begonnen.

Im Laufe der ersten Hälfte des 20. Jahrhunderts kamen so einige Tausend Automobile in die Garagen der rund 500 herrschenden Familien und bereicherten mit ihrer Originalität und mit ihrem Luxus die Automobilgeschichte. Ein paar hundert Exemplare haben in privaten Garagen, in Museen in Europa oder den USA und bei indischen Sammlern überlebt. Einige der bemerkenswertesten Modelle stehen allerdings nach wie vor in den Remisen und Garagen der einstmals herrschenden Familien.

Bis zur indischen Unabhängigkeit im Jahr 1947 wurden zwei Fünftel des Subkontinents von 562 Radschahs, Maharadschas, Ranas, Maharanas, Jams, Nabobs, Mirs und einem Nizam (in Hyderabad), von Königen, Königinnen, kleineren Potentaten und Fürsten regiert. Bei einigen reichten die Wurzeln in eine Zeit zurück, als die britische Monarchie noch gar nicht existierte. Allerdings blieb ihnen am Ende nichts anderes übrig, als die Kolonialherrschaft zu akzeptieren. Die feudalen Herrscher, die am Ende feudale Herren waren, bekamen freilich die Genehmigung, ihre Titel zu behalten und ihre Herrschaftsgebiete zu verwalten. Außerdem erhielten sie den Auftrag, Steuern für die Kolonialregierung zu klassieren, was sie in die Lage versetzte, hemmungslos in die Kasse zu greifen und das Geld – häufig zum Nachteil ihrer Untertanen – mit vollen Händen auszugeben.

Die Größe dieser Herrschaftsgebiete war sehr unterschiedlich – von 27 Quadratkilometern im Fall des Nabobs von Sachin bis zum riesigen Staat des Nizam von Hyderabad, der 213.190 Quadratkilometer maß und damit so groß war wie England und Schottland zusammen. So galt der Nizam als der reichste Mann seiner Epoche. Dieser Reichtum bestand nicht nur aus einer immens wertvollen Perlensammlung, sondern auch aus einem Diamanten, genannt Jacob, der es auf 162 Karat brachte. In des Nizams Garage standen immerhin 200 Automobile, darunter Schmuckstücke der feinen Marken Bentley, Buick, Delahaye, Duesenberg, Cadillac, Humber, Jaguar, Mercedes-Benz, Napier, Oldsmobile, Packard und natürlich Rolls-Royce.

Mit den ersten drei „pferdelosen Wagen" hatte sich die Welt der indischen Fürsten verändert, und es entstand eine neue, alles verschlingende Passion, die einige Jahrzehnte andauern sollte. Außergewöhnliche Automobile entstanden, um die mitunter exzentrischen Einfälle der Potentaten zu befriedigen. Fahrzeuge für den Transport des Herrschers auf seinem Thron, Jagdwagen mit Scheinwerfern von Stephen Grebel und Gewehrkisten, zeremonielle Modelle, die für Hochzeiten und offizielle Paraden umgestaltet wurden und schließlich „Purdah-Automobile" mit Vorhängen im Fond, sodass die Damen nach draußen blicken konnten, ohne selbst gesehen zu werden. Diese an sich muslimische Sitte war von einigen Hindu-Herrschern übernommen werden. Und ständig standen die Herrscher im Wettbewerb um den Preis für die ausgefallensten Lösungen, wobei der gute Geschmack nicht immer die Hauptrolle spielte.

Zu diesen Schöpfungen zählten etwa ein mit Silberschmuck überladener Ford A mitsamt Spitzengardinen eines reichen Großgrundbesitzers aus Gujarat und der vergoldete Daimler des Seth Hukumchand von Indore. Doch die mit Abstand unglaublichste Schöpfung war der „Swan Car", der die Straßen von Kalkutta unsicher machte. Es handelte sich um einen 1912er Brooke, dessen Vorderteil in eine

Schwanen-Skulptur verwandelt worden war. Der seltsame Vogel war überdies imstande, Dampf aus den Nasenlöchern auszustoßen. Erstaunlicherweise war diese automobile Entgleisung nicht das Werk eines exzentrischen Bengali, sondern der Einfall eines wohlhabenden Briten aus Kalkutta. Vielleicht war es ihm unter der indischen Sonne doch etwas zu heiß geworden ...

Andere Schöpfungen zeigen einmalige Raffinesse oder sind einfach gelungen, ausgefallen und exzentrisch aber sind die meisten. Wie zum Beispiel die berühmte „Perle des Orients“ (Pearl oft he East), ein Rolls-Royce 40/50 aus dem Jahr 1908. Er war der 37. der Serie und wahrscheinlich der erste Vertreter der Nobelmarke in Indien. Mit ihm begann die besondere Vorliebe der indischen Fürsten für die britische Marke. Der Rolls war von bezaubernder Schönheit und trug eine Lackierung aus Pigmenten, die mit pulverisierten Perlen vermischt waren. Der Wagen gehörte dem Mahardscha Madhavrao Scindia von Gwalior, der, was nicht weiter überraschen dürfte, eine ausgeprägte Leidenschaft für Perlen hegte.

Berühmt waren auch die sensationellen Automobile des Maharadschas von Indore, Yashwantrao Holkar II. Da gab es einen aufgeladenen Duesenberg-Zweisitzer von 1936, ein 4,5-Liter-Lagonda-Cabriolet und schicke von J. Gurney Nutting eingekleidete Bentleys, einen Hispano-Suiza J12, Alfas und einen Delage mit Figoni-Karosserie.

Auch die Fahrzeuge der Maharadschas von Jodhpur, Udaipur und Gondal zeichneten sich durch große Raffinesse und Klasse aus, gehören noch heute zu den Sammlungen dieser Fürstenfamilien und werden auf den folgenden Seiten beschrieben. Zwar hatten einige Fürsten nach der Unabhängigkeit die Möglichkeit, ihren Lebensstil weiter zu pflegen, obwohl sie zunächst Titel, Privilegien und Einnahmequellen verloren hatten. Einige unter ihnen wie die Maharadschas von Jodhpur, Udaipur oder Gondal nutzten den sich entwickelnden Tourismus und verwandelten ihre Paläste in Luxushotels. Andere Fürsten hingegen sahen ihr Vermögen wie Schnee in der Sonne schmelzen, sodass sie ihr Eigentum verkaufen mussten und sich ihre Fuhrparks in alle Windrichtungen verteilten. Einige der schönsten Exemplare tauchten bei westlichen Sammlern wieder auf, während einige wohlhabende Inder von dem 1972 verhängten Exportverbot für antike Automobile profitierten und sich äußerst wertvolle Sammlungen aufbauen konnten.

Der berühmteste unter ihnen ist Pranlal Bhogilal, dessen Sammlung einige hundert Exemplare umfasst. Ihr ist ein Kapitel in diesem Buch gewidmet. Wir beschreiben aber auch ausführlich die Sammlungen von Dr. Ravi Prakash, von Diljeet Titus und von Nitin Dossa sowie die etwas kleineren Sammlungen der Herren Jitendra Rathore und des in Indien lebenden Italieners Roberto Nieddu. Drei weitere, ebenfalls sehr seltene Automobile haben ihren Auftritt in diesem Buch: ein Invicta Black Prince, ein begeisternder Delahaye 135 und ein Mercedes-Benz Typ K, der zur neuen Sammlung von Dharmaditya Patnaik gehört.

Doch bevor wir in die Geschichte der fürstlichen Automobile eintauchen, lohnt sich ein Blick in die indische Adelshierarchie. Die indischen Fürsten trugen ihrem Rang und der Größe ihres Herrschaftsbereiches entsprechend unterschiedliche Titel. Je nach der in der Region gesprochenen Sprache herrschte dort ein Maharadscha, Maharana, Maharawat, Maharawal oder Maharao. Der älteste Sohn war der Yuvaradj, seine Brüder trugen den Titel eines Maharadschkumar. Nach dem Tod des herrschenden Maharadschas folgte ihm der Yuvaradj auf dem Thron, während die übrigen Söhne den Titel eines Maharadsch übernahmen. Die Töchter eines Maharadschas waren Maharadschkumari, Baijial oder Baisa. Die moslemischen Herrscher trugen den Titel des Nabobs, ihre Frauen den der Begum, während die Bezeichnung Nizam dem Fürsten von Hyderabad vorbehalten war. Ihre Söhne waren die Nawabzada. Die weniger bedeutenden Königreiche wurden von einem Radscha, Thakur, Durbar, Maharadsch, Nabob, Mir oder Khan regiert.

Die Herrscher der kleinsten Gebiete, die mehr oder weniger Großgrundbesitzer waren, trugen als Titel Bezeichnungen wie Zamindar, Talukdar, Thikana oder Jagirdar. Um die Dinge zu vereinfachen, hatten die Briten die indischen Fürstentümer in drei Kategorien eingeteilt: 118 Staaten bildeten die „erste Liga" oder Salute States, denen ein Ehrensalut vorbehalten war. Daneben gab es 117 „Non Salute States", die auf diese protokollarische Ehrung verzichten mussten und schließlich am unteren Ende der Hierarchie 327 Großgrundbesitzungen ohne königlichen Titel, auch wenn einige unter ihnen wohlhabender als mancher Prinz waren. Um das ganze aber noch komplizierter zu machen, machten die Briten im Lauf der Zeit einige Grundbesitzern wiederum zu Radschas und Maharadschas.

Weil das immer noch nicht reichte, richteten die Kolonialherren eine weitere Hierarchie unter den 118 Fürstentümern und Königreichen der „ersten Liga" ein. Die Anzahl der Salutschüsse (stets eine ungerade Zahl) gab Auskunft über den Grad der Loyalität des jeweiligen Herrschers gegenüber der Kolonialmacht und über die Größe seines Territoriums. Lediglich fünf Staaten hatten das Recht auf 21 Salutschüsse: Hyderabad, Mysore, Baroda, Gwalior sowie Jammu und Kaschmir. Die Zahl der Kanonenschüsse konnte bis auf neun reduziert werden und stieg dann je nach Loyalität und Bedeutung bis auf 19 Schüsse. So ließ sich die Salutschießerei bestens zum Belohnen und Bestrafen der Territorialfürsten nutzen.

Dieses Buch erhebt nicht den Anspruch der Vollständigkeit, weil einige Sammlungen nicht zugängig waren. Außerdem geht es hier nicht darum, die Geschichte Indiens aufzuschreiben oder die techni-

schen Eigenarten der hier beschriebenen Automobile in jedem Detail zu vermitteln. Ich bin kein Historiker, sondern Journalist und Erzähler, und ich habe einfach nur versucht, dem zuzuhören, was uns die außergewöhnlichen Automobile über die großen und kleinen Dinge dieser Epoche erzählen. Außerdem ist die Arbeit an dieser Geschichte längst nicht abgeschlossen. Für Kommentare und Anregungen bin ich dankbar. gautam@gautamsen.com

Darstellung einer Kutsche aus dem 14. Jahrhundert. (© Anne Castagnos-Sen)

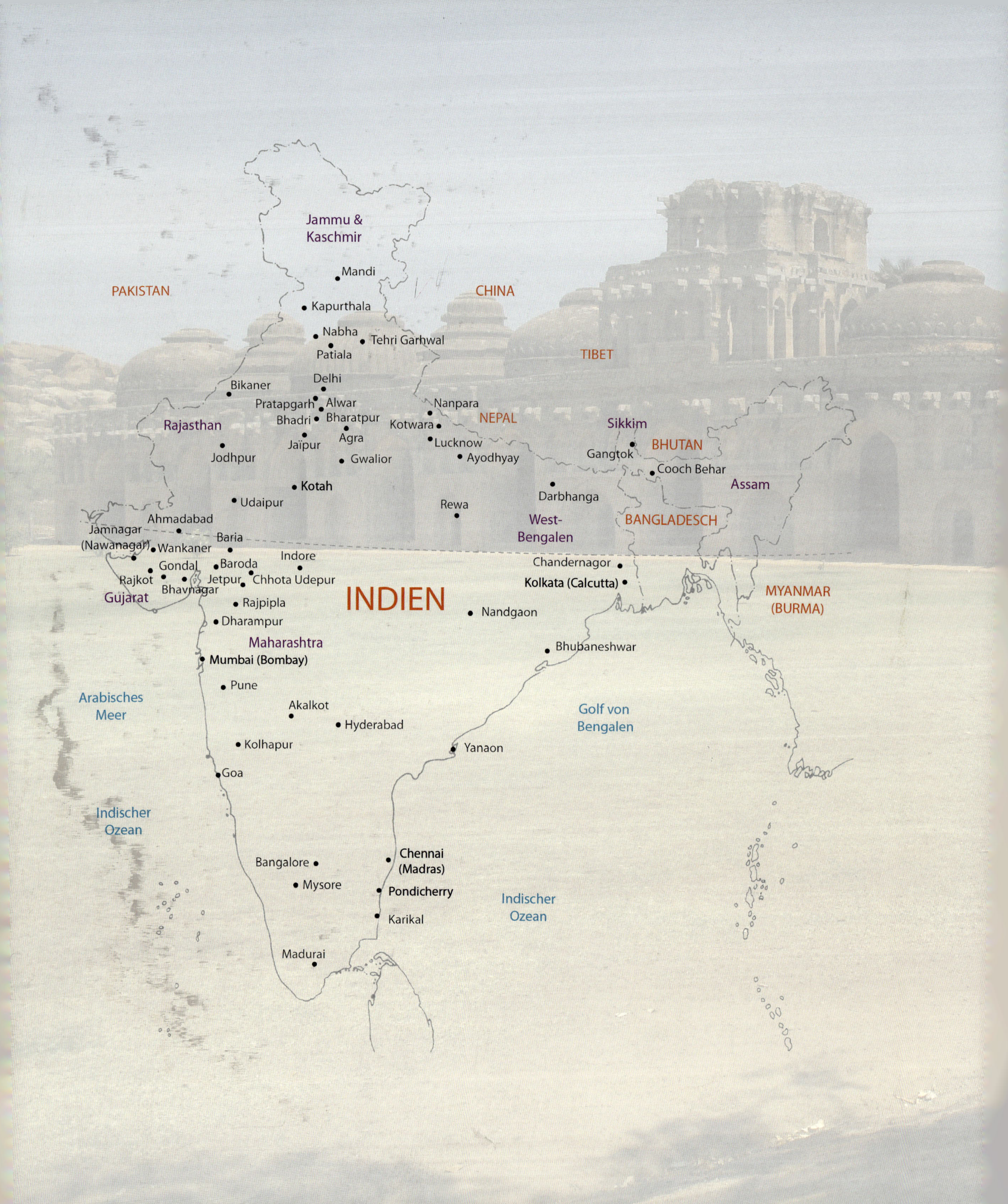

Jammu &
Kaschmir
Mandi
PAKISTAN
CHINA
Kapurthala
Nabha
Tehri Garhwal
Patiala
TIBET
Delhi
Bikaner
Pratapgarh
Alwar
Nanpara
Bhadri
Bharatpur
Kotwara
NEPAL
Sikkim
Rajasthan
Agra
Jaïpur
Lucknow
BHUTAN
Jodhpur
Gwalior
Ayodhyay
Gangtok
Cooch Behar
Kotah
Assam
Darbhanga
Udaipur
Rewa
Ahmadabad
West-
Bengalen
BANGLADESCH
Jamnagar
(Nawanagar)
Baria
Wankaner
Indore
Gondal
Baroda
Chandernagor
Rajkot
Jetpur
Chhota Udepur
Kolkata (Calcutta)
Bhavnagar
MYANMAR
(BURMA)
Gujarat
INDIEN
Rajpipla
Nandgaon
Dharampur
Maharashtra
Bhubaneshwar
Mumbai (Bombay)
Pune
Arabisches
Meer
Akalkot
Golf von
Bengalen
Hyderabad
Kolhapur
Yanaon
Goa
Indischer
Ozean
Chennai
(Madras)
Bangalore
Mysore
Pondicherry
Indischer
Ozean
Karikal
Madurai

Staat	Titel	Ehrensalut	Fläche (qkm)
Akalot	Radja		1290
Alwar	Maharadscha	17	8179
Baria	Maharawal	9	2106
Baroda	Maharadscha	21	21.144
Bharatpur	Maharadscha	17	5123
Bhavnagar	Maharadscha	13	7669
Bikaner	Maharadscha	17	60.391
Chhota Udepur	Maharawal	9	2305
Cooch Behar	Maharadscha	13	3414
Darbhanga	Maharadscha	Zamindari*	8380
Dharampur	Maharana	9	1823
Gondal	Maharadscha	11	2652
Gwalior	Maharadscha	21	68.291
Hyderabad	Nizam	21	213.190
Idar	Maharadscha	15	4323
Indore	Maharadscha	19	25.646
Jaipur	Maharadscha	17	40.407
Jammu und Kaschmir	Maharadscha	21	222.444
Jetpur			36
Jodhpur	Maharadscha	17	93.424
Kapurthala	Maharadscha	13	1551
Kotah	Maharao	17	14.828
Mandi	Radja	11	2950
Mysore	Maharadscha	21	75.563
Nabha	Maharadscha	13	2453
Nandgaon	Mahant		2526
Napara	Radjah	Taluqdari*	1554
Nawanagar	Jamsahib	13	9632
Patial	Maharadscha	19	15.390
Pratapgarh	Maharawat	15	2303
Rajpipla	Maharana	13	3929
Rewa	Maharadscha	17	33.670
Tehri Garhwal	Maharadscha	11	11.655
Wadhwan	Thakursahib	9	627
Wankaner	Maharana	11	1080

* Herrscher über zu kleine Gebiete, die mehr oder weniger Großgrundbesitzer waren.

Parken nur für Elefanten. Ein Stall in Hampi aus dem 14. Jahrhundert. Hinter jedem der elf Bögen fand ein Tier Platz. (© Anne Castagnos-Sen)

DIE SPIELZEUGE

DER KRONE

Der MG TC des Maharana von Mewar. (© Makarand Baokar)

Eine Familiengeschichte

Der Legende nach traf Maharana Udai Singh auf der Jagd einen am Ufer des Sees Pichola sitzenden Weisen, der ihm sagte, dass sich das Schicksal seiner Familie verändern würde, baute der König seinen Palast an diesem Ort. Der Maharana folgte dem Rat und errichtete, die Stelle zu markieren, den Schrein Dhuni Mata, der heute der älteste Teil des Stadtpalastes von Udaipur ist. Wenig später wählte Udai Singh Udaipur als neue Hauptstadt und ließ den künstlichen See Udai Sagar anlegen. Dann entdeckte er einen weiteren Teich, der angeblich aus dem vorangegangenen Jahrhundert stammte und den die Banjara, ein Stamm, von dem die heutigen Sinti und Roma in Europa abstammen sollen, angelegt hätten. Die Banjara hatten einen Deich in einen Fluss gelegt, damit ihre Rinder ans andere Ufer gelangen konnten. Udai Singh ließ den angestauten Teich vergrößern und schuf so einen der malerischsten künstlichen Seen in ganz Rajasthan. Seine neue Hauptstadt wurde im Jahr 1559 mit dem Bau eines kleinen Palastes eingeweiht. Doch das war erst der Anfang. Bald wuchs ein Schloss nach dem anderen aus dem Boden, und das der Maharadschas aus Granit und Marmor wurde bald zu einem der größten der Welt. Die Stadt entwickelte sich ebenfalls rasant und gehört heute zum Unesco-Welterbe. Die Schriftstellerin Rosita Forbes beschrieb sie einmal als einen „einmaligen Ort auf dieser Welt".

Die Dynastie der Sisodia hatte allerdings nicht erst mit Udaipur begonnen, ihre Spuren reichen, wenigstens in der Welt der indischen Legenden, ein Jahrtausend weit in die Zeit vor dem Bau der Stadt zurück. Im Gegensatz zu einer eher fragwürdigen Geschichtsschreibung, nach der die Sisodia die direkten Nachkommen des Gottkönigs Rama sind und damit zur indischen Mythologie gehören, erzählen die ältesten Aufzeichnungen, wie die schwangere Königin Pushpavati vor Eindringlingen in eine Höhle in den Bergen von Mallia flüchtete und dort einen Sohn zur Welt brachte, der den Namen Guhil (der in einer Höhle Geborene) bekam. Sie vertraute ihren Sohn Kamalavati an, einer Frau aus der Kaste der Brahmanen. Guhil wuchs in der Mitte des Stammes der Bhil auf, deren Chef er im Jahr 568 im jungen Alter von elf Jahren wurde. Guhil begründete später den Clan der Gehlots, der im siebten Jahrhundert in den Norden wanderte und sich in der Ebene von Mewar niederließ, wo später die 25 Kilometer von Undaipur entfernte Stadt Nagda entstand.

Der Palast und der Pichola-See in Udaipur. (© HRH Group of Hotels)

Maharana Arvind Singh Mewar und sein Lieblingsauto, der MG TC aus dem Jahr 1947. (Archiv der Maharanas von Mewar, Udaipur)

Der Maharana mit seinem Sohn Yuvaradj Laksharaj und seiner Tochter Padmaja Kumari vor einem Rolls-Royce 20/25 HP aus dem Jahr 1924. (© Makarand Baokar)

Seitdem haben 76 Maharadschas in Nagda und später Udaipur regiert.
Der auffallendste unter ihnen ist ohne jeden Zweifel der aktuelle Maharana von Udaipur. Mit einem Stammbaum, der rund 1500 Jahre in die Geschichte zurückreicht, einer Klasse und einer Persönlichkeit, die Adel ausstrahlt, verkörpert Arvind Singh Mewar gleichsam den Prototypen des indischen Fürsten. Würde, Erhabenheit und Auftritt sind die des wahren Maharadschas. Außerdem ist er verrückt nach Autos. Im Februar 2000 eröffnete er eines der ersten privaten Automuseen in Indien.
In seiner Museums-Garage stehen zwar nur 21 Automobile, doch zeichnen sich fast alle dadurch aus, dass sie aus dem Besitz der Maharadscha-Familie stammen oder von den Vorfahren gekauft und aufwändig konserviert wurden. Natürlich hat die fürstliche Familie seit dem Beginn des 20. Jahrhunderts mehr als 21 Automobile besessen, doch wurden einige bei Unfällen zerstört, andere verkauft oder an Tempel, Angestellte, Freunde und Familienmitglieder verschenkt.
Auf jeden Fall wurde der Fürst durch die Rolle, die diese Fahrzeuge in der Geschichte seiner Familie gespielt haben, veranlasst, die noch vorhandenen Automobile zu erhalten und zu restaurieren. Es handelt sich übrigens nicht durchweg um mondäne Wagen. In der Sammlung stehen profane Morris neben königlichen Rolls.
So enthält die Kollektion auch Beispiele einer gewissen Anspruchslosigkeit, wie sie wohl der Maharana Bhagwat Singh gelegentlich an den Tag legte, der den Titel von 1955 bis zu seinem Tod im Jahr 1984 trug: Von ihm sind ein Morris Tiger (Baujahr 1950) und ein Morris 1000 Traveller (1959) erhalten. Für seine täglichen Ausfahrten bediente sich der Maharana allerdings eines Mercedes-Benz 180 D.
Daneben benutzten er und seine Familie

Udaipur in all seiner Pracht: Der Hauptpalast und der himmlische See-Palast.
(© HRH Group of Hotels)

Der Buick (Baujahr 1947) aus der Sammlung von Udaipur. (© Makarand Baokar)

Oben: Im Jahr 1973 erwarb der Maharana den Rolls-Royce Phantom II von Rajpila. (Archiv der Maharanas von Mewar, Udaipur)

Unten: Die alte Aufnahme zeigt gleich mehrere Rolls-Royce in Udaipur. (Archiv der Maharanas von Mewar, Udaipur)

Der MG TC vor der privaten Residenz des Palastes. (© Makarand Baokar)

weitere Mercedes-Modelle wie einen 190 Db und einen 200. Die drei perfekt erhaltenen Wagen haben jeweils nur wenige Kilometer zurückgelegt. Der 180 D kommt auf gerade 36.000 Kilometer. Die Familie besaß mit einem Austin Cambridge (1961) und einem Rambler Classic (1965) außerdem zwei Stadtwagen.

Zudem gehörten gar ein Lastwagen und ein Chevrolet-Bus (aus den Jahren 1946 und 1947) zum Fuhrpark des fürstlichen Hofes, die beide eingesetzt wurden, wenn der Familie der Sinn nach Camping stand. Dann wurde der Lastwagen mit der Camping-Ausrüstung beladen, und der Hofstaat folgte im Bus.

Für die offiziellen Ausfahrten wurden zwei Cadillacs (1939) eingesetzt, die bei ähnlichen Anlässen auch heute noch den Fürsten transportieren. Und natürlich gehören auch vier Rolls-Royce zur fürstlichen Garage. Die beiden Cadillacs und drei der vier Rolls werden auf den folgenden Seiten vorgestellt. Ein Rolls-Royce wurde noch restauriert, als dieses Buch entstand. Ein hervorragend wiederaufgebauter Buick 50 Super aus dem Jahr 1947 rollte erst kurz zuvor in die Garage.

Wenn sich Arvind Singh Mewar in Uadaipur aufhält, verlässt er sich bei seinen täglichen Fahrten auf einen roten MG TC, der 1946 gebaut wurde und seit 1975 zum fürstlichen Fuhrpark gehört. Vor dem Palast ist eigens für den Roadster ein Parkplatz reserviert, und gefahren werden darf der Zweisitzer ausschließlich vom Maharana, der damit fast täglich in der Stadt und auf seinem Besitz unterwegs ist.

Die Garage des Palastmuseums. (© Makarand Baokar)

RRY 101

RRY 101

Wundervoll restauriert sind Äußeres und Innenraum des MG TC. (© Makarand Baokar)

Die Rolls-Royce

Der kürzlich restaurierte Rolls-Royce 20/25 aus dem Jahr 1924. (© Makarand Baokar)

„Maharana" bedeutet gleichzeitig „Großer Kämpfer" und „König der Könige". An der Spitze der 36 Clans von Rajput ist der Maharana von Udaipur einer der wenigen Fürsten, der diesen Titel trägt. Der Titel eines Rana (König in der Sprache Rajasthans) wurde im zwölften Jahrhundert übernommen, als der Fürst Parihara von Mandore ihn dem Fürsten von Mewar übertrug. Im Laufe der Zeit ging der ruhmreiche Titel an die Herrscher der Dynastie Mewar, die den Moguln ebenso Widerstand geleistet haben wie später den Engländern. Die Engländer zeigten sich beeindruckt und gewährten dem Fürstentum Mewar 19 Salutschüsse anstelle der 17, auf die die anderen Staaten in Rajastan (Bundi, Bikaner, Kota, Karauli, Jaipur und Jodhpur) Anspruch hatten, obwohl zum Beispiel Jodhpur größer war.

Dieses Detail sorgte allerdings, wie nicht anders zu erwarten war, für einige Verstimmungen zwischen den Fürstenfamilien von Jodhpur und Udaipur. So ist es zumindest erstaunlich, dass ein vom Maharadscha von Jodhpur gekaufter Rolls-Royce in den Fuhrpark der Familie des Maharadschas von Udaipur aufgenommen wurde und obendrein das ganz besondere Kennzeichen „Udaipur 2" erhielt.

Fateh Singh, 73. Maharana der Linie, hätte sich ohne Zweifel problemlos einen neuen Rolls-Royce kaufen können. Er hatte aber keinen Ruf als Automobil-Begeisterter und legte Wert auf andere Dinge. Unter seiner Herrschaft erlebte Udaipur bedeutende Veränderungen: Zahlreiche Schulen und eine Hochschule, Krankenhäuser sowie Ambulanzen entstanden, außerdem wurde eine Eisenbahnlinie zwischen Udaipur und Chittor gebaut. Der Fürst gab eine Vergrößerung des

PRIVATE
CLOSED THROTTLE OPEN
EARLY IGNITION LATE

Armaturentafel des Rolls-Royce 20/25 HP aus dem Jahr 1924. (© Makarand Baokar)

Sees Fateh Sagar in Auftrag und stellte den Palast Shiv Niwas fertig, um adeligen Gästen auf der Durchreise ein angemessenes Dach über dem Kopf bieten zu können.

Fateh Singh sicherte sich den Respekt seiner Landsleute, indem er versuchte, sich dem Joch der britischen Kolonialmacht zu widersetzen. Als er im Jahr 1903 nach Delhi reiste, um an den gigantischen Feierlichkeiten aus Anlass der Krönung von König Edward VII. und Königin Alexandra zum indischen Kaiserpaar teilzunehmen, kehrte er nach Udaipur zurück, ohne seinen Zug verlassen zu haben. Der Grund: Man hatte ihn hinter den Vertretern der Staaten Hyderabad, Mysore, Kaschmir und Baroda platziert. So weigerte er sich auch 1911, als die Kaiserkrönung von König George V. anstand, der übrigens als einziger Herrscher auch an einem der drei „Imperial Durbar“ genannten Ereignisse teilnahm.

Im Jahr 1921 schließlich hatten die Briten genug von den Alleingängen des Fürsten und schränkten die Macht des „in seinem Auftreten unflexiblen und gegenüber den sozialen Problemen Mewars unwissenden“ Herrschers ein. Allerdings beließen sie ihn, offiziell wenigstens, bis zu seinem Tod im Jahr 1930 an der Spitze seines Reiches.

Maharana Fateh Singh, mit entsprechenden Finanzen gesegnet, kaufte sich einen neuen Rolls-Royce – einen 1914er Silver Ghost, Fahrgestellnummer 64AB, laut dem beeindruckenden Register von André Brise, Gründer des Ghost Clubs. In den Archiven der Palast-Garage in Udaipur gibt es darüber allerdings keine Unterlagen. Des Fürsten Sohn, der Maharadschkumar Bhupal Singh, der 1921 von den Briten als offizieller Machthaber eingesetzt wurde, bestellte kurz nach seiner Amtseinführung dann gleich drei Rolls-Royce Twenty.

Der erste war ein Tonneau-Cabriolet mit einer Karosserie von Barker, das 1922 erworben wurde (Fahrgestellnummer 42G0). Ein Jahr später folgte der nächste Rolls, der auf seinem Fahrgestell (Nummer 64H9) ebenfalls eine Barker-Karosserie trug. Der Wagen besaß am Lenkrad Vorrichtungen für Behinderte, die speziell für den Maharadjkumar angefertigt worden waren. Bhupal Singh war seit seinem 16. Lebensjahr von der Brust abwärts gelähmt, was ihn aber nicht daran hinderte, ein begeisterter Jäger zu werden, der vor dem Ausritt fest in den Sattel seines Pferd geschnallt werden musste.

Obwohl Bhupal Singh sich die meiste Zeit fahren ließ, wollte er in der Lage sein, wenigstens einen seiner Rolls-Royce selbst lenken zu können. Im gleichen Jahr schenkte der Maharadscha von Bharatpur , Sawai Kishan Singh, seinem Kollegen Maharana Fateh Singh einen flammneuen Rolls-Royce Twenty (Fahrgestellnummer 66H3), der natürlich wieder eine Karosserie von Barker besaß. Im Jahr 1927 schließlich bestellte der Maharadjkumar einen neuen Phantom (Fahrgestellnummer 100EF) mit einer eleganten Hooper-Karosserie, der das Kennzeichen Udaipur 3 bekam.

Nach dem Tod des Maharana Fateh Singh im Jahr 1930 folgte ihm Bhupa Singh auf den Thron und übernahm nun den Titel eines „Souveräns“ von Udaipur. Er wurde so der letzte legitime Maharana, der bis zur Verschmelzung des Fürstentums mit dem

Von oben: Das Wappen der königlichen Familie von Udaipur, Innenraum- und Jagdrevierbeleuchtung am Rolls-Royce. (© Makarand Baokar)

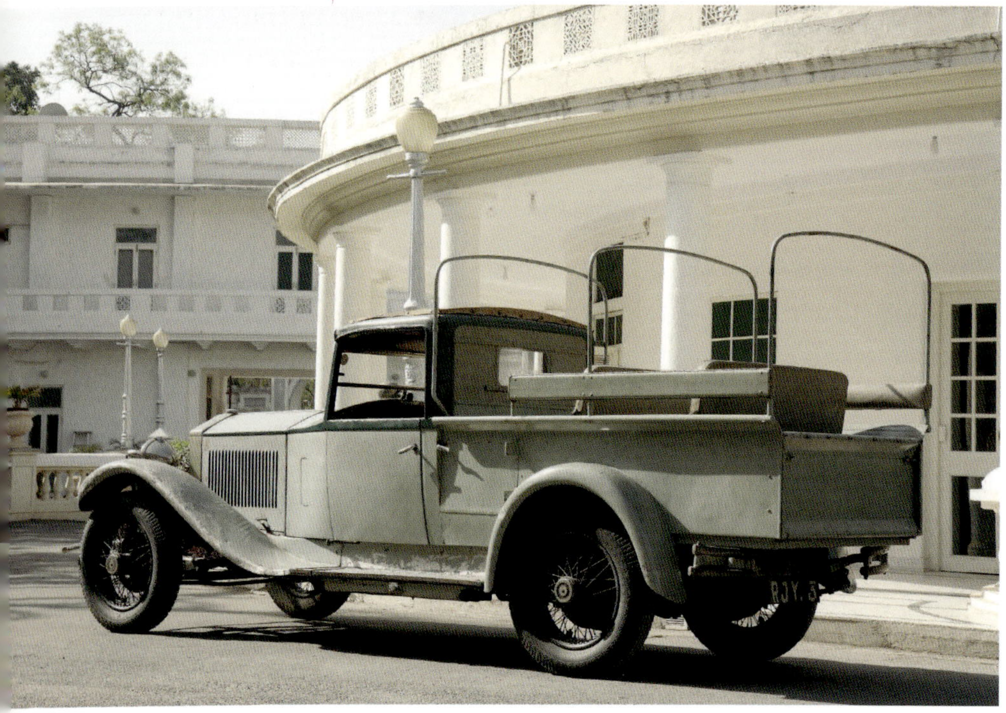

Der Rolls-Royce 20/25 HP in „Safari"-Version. (© Makarand Baokar)

Der Rolls-Royce für das Kricket-Team vor dem Seepalast.
(© Makarand Baokar)

unabhängigen Indien herrschte. Gleich nach seiner Inthronisierung bestellte er drei weitere Rolls-Royce.
Der erste wurde 1930 ausgeliefert. Die Reiselimousine 20/25 HP besaß eine Karosserie von Hooper. Das Modell mit der Fahrgestellnummer GNS11 rollte 1931 in die Garage des Fürsten und bekam das Kennzeichen Udaipur 4. Drei Jahre später bestellte der Maharana einen weiteren Rolls-Royce 20/25, den er aber dieses Mal von Thrupp & Maberly einkleiden ließ. Die Limousine (Fahrgestellnummer GKC10) traf 1934 am Hof ein und bekam das Kennzeichen Udaipur 5.
Am 13. Juli 1936 kaufte der Maharana Bhupal Singh von einem gewissen Mohan Lal Sanghi, der sich als Gebrauchtwagenhändler auf hochwertige Modelle spezialisiert hatte, einen Rolls-Royce Twenty. Erster Besitzer des Rolls war der Maharadscha von Jodhpur, Umaid Singh, gewesen. Auf diese Weise kam ein Fahrzeug aus der fürstlichen Garage in Jodhpur an den königlichen Hof von Udaipur, obwohl die beiden Familien einander ansonsten nicht viel zu sagen hatten.
Der Rolls-Royce Twenty mit einer Limousinen-Karosserie von Barker (Fahrgestellnummer GLK 21) stammte aus dem Jahr 1924 und erhielt das Kennzeichen Udaipur 2. Wie die beiden weiteren Rolls-Royce, die Bhupal Singh gekauft hatte (GNS11 und GKC10), sind sie bis heute im Familienbesitz geblieben. Der Rolls-Royce Twenty aus dem Jahr 1924 befand sich Ende der 1990er Jahre noch fast im Originalzustand, zeigte dann aber doch immer mehr Alterserscheinungen, und der Motor wollte am Ende auch nicht mehr rund laufen.
Nachdem er sich nun entschlossen hatte, seine Sammlung in ein Museum zu verwandeln, beschloss Arvind Singh Mewar als erstes, GLK21 restaurieren zu lassen. Die von Anu Vikram Singh geleitete Mechaniker-und Blechschmiede-Mannschaft holte den Rat des Rolls-Royce Enthusiast Club (RREC) ein, der sie

Auf dem Kricket-Feld des Palastes macht der Mannschafts-Rolls eine gute Figur. (Archiv der Maharanas von Mewar, Udaipur; © Makarand Baokar)

an einen Spezialisten weiterreichte. Das Unternehmen Hoffman's im idyllischen Henley-on-Thames in Großbritannien übernahm die Aufgabe.

Hoffman's lieferte nicht nur gute Ratschläge, sondern auch Teile und die Unterstützung des Rolls-Royce-Experten Graham Ashley Carter, der sich mehrmals nach Udaipur begab, um die Restaurierung zu begleiten. Einige Teile wie der Kühler wurden nach Großbritannien geschickt, um dort repariert zu werden. Nach vier Jahren waren die aufwändigen Arbeiten abgeschlossen, und der Rolls strahlte im Jahr 2008 wieder in seinem alten Glanz. Er war gerade rechtzeitig fertig geworden, um beim von Cartier veranstalteten Concours d'Élégance „Travel with Style" den ersten Platz in der Kategorie Classic zu belegen.

Udaipur Vier und Fünf hatten andere Schicksale. Gegen Ende der 1960er Jahre beschloss der damalige Maharana Bhagwat Singh, GNS11 für neue Aufgabe umzugestalten. Also wurde die Karosserie abgenommen und das Fahrzeug in eine Art Lastwagen mit zwei zusätzlichen Sitzbänken hinter der Fahrerkabine umgebaut. So entstand ein Safari-Rolls-Royce mit abnehmbarem Segeltuchverdeck, der benutzt wurde, um Ehrengäste stilvoll durch die Natur rund um Udaipur zu chauffieren.

Man hat die Konstruktion auch als Shooting Brake bezeichnet, aber im Grunde handelt es sich um eine Art Pickup mit Sitzen auf der Ladefläche. Er wurde vielfach zur Jagd auf Niederwild eingesetzt. Inzwischen ist man entschlossen, GNS11 sein altes Aussehen zurückzugeben. Glücklicherweise ist die alte Hooper-Karosserie noch vorhanden, sodass man die neue Karosserie gegen die alte austauschen und den Wagen restaurieren kann.

Udaipur fünf (Fahrgestellnummer GKC10) erlebte ebenfalls eine interessante Metamorphose und wurde in eine Art Jeep umgebaut, um die Cricket-Mannschaft des Fürsten zu transportieren. Aus einer eleganten, von Thrupp & Maberly gezeichneten siebensitzigen Limousine wurde ein Jeepney mit elf Plät-

Der Rolls-Royce 20 HP aus dem Jahr 1923 war ein Geschenk an den Maharadscha von Udaipur. Heute befindet sich das Auto in der Sammlung von Sudhir Choudrie in Delhi. Das Foto zeigt den Wagen mit seinem Restaurierer Julian Williamson. (Sammlung Julian Williamson)

zen. Der Maharana Bhagwat Singh, ein großer Cricket-Liebhaber, hielt es für angemessen, dass seine Mannschaft in einem Rolls-Royce zu den Spielen fuhr.

So erhielt dieser 20/25 HP aus dem Jahr 1934 eine der originellsten Karosserien, die jemals auf ein Rolls-Royce-Fahrgestell geschraubt wurden. Puristen mag das Auto mit Entsetzen erfüllen, doch es lässt sich kaum bestreiten, dass es sich um eine einmalige Schöpfung handelt. Offenbar ist die Original-Karosserie von Thrupp & Maberly aber noch vorhanden und so steht zu Diskussionen, ob sie wieder aufs Fahrgestell gesetzt gehöre. Markenexperte André Blaize meint, dass man in diesem Fall eine Ausnahme machen könne: Der originelle „Cricket-Jeep" sollte wegen seines außergewöhnlichen Charakters und seines historischen Wertes erhalten bleiben.

Der vierte Rolls-Royce ist ein Phantom II aus dem Jahr 1934, der aus dem Besitz von Oberstleutnant Sir Vijaysinhji Chhatrasinhji Sahib, Maharadscha von Rajpipla – einem Fürstentum mit einem Salut von 13 Kanonenschüssen – stammt. Anfang der 1960er Jahre wurde das Fahrzeug wahrscheinlich der Radjmata (Königinmutter) des Fürstentums Kolhapur, Radj Dadi Saheba Indumati, geschenkt. 1973 schließlich kaufte der Maharadjkumar Arvind Singh Mewar den Wagen.

Das von Windovers sehr elegant als Sedanca de Ville aufgebaute Modell (Fahrgestellnummer 181 RY) ist ein sehr berühmtes Fahrzeug, das seinen Ruhm unter anderem James Bond verdankt. Im Jahr 1983 rollte der Rolls in dem Streifen „Octopussy" durch mehrere Szenen, in denen Udaipur und vor allem das berühmte Schlosshotel im See Pichola eine Hauptrolle spielten. Der Wagen hatte auch einen Auftritt in der britischen TV-Serie „Juwel der Krone".

Leider haben mindestens fünf Rolls-Royce Udaipur und die fürstliche Garage für immer verlassen. Sie wurden entweder verkauft oder verschenkt. Der Silver Ghost aus dem Jahr 1914 verließ gegen Ende der 1960er Jahre Indien und befindet sich wie jener Rolls-Royce Twenty aus dem Jahr 1922 in Großbritannien, den Rolls-Royce-Spezialist John Fassal 1967 übernahm. Das Fahrzeug mit der Behindertenausstattung wurde dem Maharadjshree (großer Priester) des Tempels Kankroli geschenkt und vom Tempel weiterverkauft. Heute steht der Wagen in der Sammlung von Dharmaditya Patnaik aus Bhubaneswar. Beim Concours d'Élégance Cartier in Bombay (heute Mumbai) gewann das Modell 2008 den ersten Preis in der Kategorie Exotic. Nach einer sehr aufwändigen Restaurierung bei Julian Williamson steht der Twenty von Barker aus dem Jahr 1923 heute in Delhi bei dem Sammler Sudhir Choudrie.

Der Cadillac vor dem Palast von Udaipur. (© Makarand Baokar)

Die Cadillacs

Am 29. Februar 1940 heiratete die jugendliche Schönheit Bhanwar Baisaheb Sushila Kumariji, Tochter des Maharadschas von Bikaner, Sir Sadul Singh Bahadur, den Maharadjkumar Bhagwat Singh Bahadur von Udaipur. Wie alle königlichen Hochzeiten waren die Feierlichkeiten das Ereignis des Jahres in Bikaner. Während der folgenden Tage begrüßte die Familie des jungen Ehemanns die Gattin mit einem prachtvollen Empfang, von dem man noch jahrelang sprechen sollte.

Weil der Maharana Bhupal Singh wegen seiner Behinderung keine Kinder zeugen konnte, hatte er Anfang des Jahres den 17-jährigen Bhagwat Singh adoptiert, der aus dem Shivrati-Zweig seiner Familie stammte. Einige Generationen zuvor hatte der Maharadscha Sangram Singh II. (1710-1734) vier Kinder, von denen der Älteste, Jagat Singh II., sein Nachfolger wurde. Die drei anderen gründeten die weiteren Linien der Familie: die Bagore, Karjali und Shivrati. Die Eheschließung zwischen Kronprinz Bhagwat Singh und der jungen Bikaner-Prinzessin wurde daher wie eine Staatshochzeit gefeiert.

Die Zeremonie war ganz der hinduistischen Tradition entsprechend ein prächtiges und vor allem farbenfrohes Ereignis. Die junge Ehefrau hatte die Hände voller Geschenke für die Familie ihres Gatten. Darunter befanden sich eine Sänfte, zwei Kutschen, ein Rolls-Royce Twenty und ein Elefant. Dazu kamen dann noch zwei Cadillacs: ein viertüriges Cabriolet Serie 61 und eine siebensitzige Limousine aus der Serie 75.

Der Maharadscha von Bikaner, Sir Ganga Singh, war von der sportlichen Jagd, der „Shikar", begeistert und bevorzugte daher offene Tourenwagen, wenn er auf die Pirsch ging, um Vögel oder Kleinwild zu erlegen. Vor allem die viertürigen Modelle boten beste Aussicht auf die Beute. Im Gegensatz zu den meisten indischen Fürsten rüstete er seine Fahrzeuge nicht speziell für die Jagdeinsätze aus, sondern nahm sie, wie sie vom Band liefen. Obwohl er mehrere Rolls-Royce besaß, bevorzugte er amerikanische Automobile von Buick oder Cadillac, die sich auf längeren Fahrten besser schlugen. General Motors ließ von 1928 an vor allem Chevrolet-Modelle in Bombay (heute

Das viertürige Cadillac-Cabriolet mit Königin Elisabeth II. und der Maharani von Udaipur während des Staatsbesuchs im Jahr 1960. (Archiv der Maharanas von Mewar, Udaipur)

RJY 14

RJY 15

Linke Seite: Die siebensitzige Cadillac-Limousine aus dem Jahr 1939. (© Makarand Baokar)

Die beiden Cadillacs im vollen Ornat. (Archiv der Maharanas von Mewar, Udaipur)

Mumbai) montieren. Die Modelle anderer Marken mussten zwar importiert werden, konnten aber dank des verhältnismäßig dichten GM-Händlernetzes problemlos ausgeliefert und gewartet werden.

Deshalb bestand Maharadscha Ganga Singh anlässlich der Hochzeit der Tochter seines ältesten Sohnes mit dem Kronprinz von Udaipur darauf, dem jungen Paar Cadillacs zu schenken. Einige Jahre zuvor hatte der Maharadscha Vir Singh von Orchha, einem Staat im Zentrum Indiens, einen der unglaublichsten Cadillacs aller Zeiten bestellt: ein von einem gewissen Gian Battista „Pinin" Farina entworfenes Modell. Der talentierte Italiener gründete später das berühmte Designstudio Pininfarina. Dank dieses Topmodells machte sich Cadillac einen Namen und konnte den größten europäischen Marken ernsthaft Konkurrenz machen.

Die V12- und V16-Modelle waren kostspielig und aufwändig zu produzieren, und bald überzeugten die neuen V-Achtzylinder mit ihrem günstigen Preis-Leistungsverhältnis. Ende 1937 wurde die Produktion des Twelve eingestellt, nachdem immer weniger Leute einen haben wollten. Vom Sechzehnzylinder wurden im letzten Produktionsjahr nur noch 136 Exemplare gebaut. Mittlerweile lief die Produktion der V8 auf vollen Touren. Bis Mitte der 1930er Jahre setzte Cadillac einen 5,7 Liter großen V8 ein, der als 5,6-Liter 1928 vorgestellt worden war. 1936 folgte dann ein Seitenventiler mit 5670 ccm, der 135 PS leistete.

Diese Cadillac-Achtzylinder waren angenehm zu fahren und trotz des langen Radstands recht handlich. Viele unterschiedliche Karosserien wurden angeboten, die teilweise auch leicht individualisiert werden konnten, indem die hauseigenen Unternehmen Fisher und Fleetwood die Umbauten übernahmen. Die seit 1935 produzierten Modelle waren eher etwas rundlicher und schwülstiger gewesen. Damit machte das neue Modell Sixty Special im Jahr 1938 Schluss. Kantiger, aber sehr elegant, war der Wagen das Werk des jungen Designers William L. Mitchell, der als Bill Mitchell bekannt wurde und die GM-Designabteilung von 1959 bis 1977 leitete. Er wurde vom damaligen Designchef Harley Earl gefördert. Das Modell zeichnete sich durch seine mit Chrom eingerahmten Fenster, abgeflachte Kotflügel und nurmehr angedeutete Trittbretter sowie eine niedrigere Silhouette aus.

Außerdem bot Cadillac damals veritable Spitzentechnik. Vollsynchronisierte Getriebe

Jackie Kennedy verlässt die siebensitzige Cadillac-Limousine während des Besuchs der US-amerikanischen First Lady 1961. (Archiv der Maharanas von Mewar, Udaipur)

Rechte Seite: Der Cadillac befindet sich nach wie vor im Originalzustand. (© Makarand Baokar)

(„Triple Silent") gehörten ebenso zum Angebot wie hydraulische Bremsen, Schwenkfenster in den Türen, Lenkradschaltung, Blinker und – für Indien ganz besonders wichtig –komfortable unabhängige Radaufhängung vorne. Die neue Serie 61 besaß einen Radstand von 3,20 Metern und war in vier Versionen lieferbar: als Limousine, als Coupé sowie als zwei-und viertüriges Cabriolet. 1939 wurden immerhin 5974 Autos gebaut, darunter freilich nur 140 der großen Cabrios, von denen nur ganz wenige bis heute überlebt haben.

Bei unserem Cadillac mit dem Kennzeichen RJY 14 handelt es sich um eine auf Kundenwunsch speziell bei Fisher in Auftrag gegebene Rechtslenkerversion, die sich überdies noch vollständig im Originalzustand befindet. Bis heute arbeitet in dem Wagen eine Sechs-Volt-Batterie, und die mechanische Benzinpumpe ist noch original. Der nur selten als Paradefahrzeug eingesetzte Cadillac hat es bis heute auf gerade 20.186 Meilen oder 32.485 Kilometer gebracht. RJY 14 wird vor allem für Staatsbesuche aus der Garage geholt. Zu den berühmtesten Passagieren gehörte Königin Elisabeth II. während ihres Besuchs beim Maharana von Udaipur.

Wurde RJY14 vor allem vom Kronprinzen und späteren Herrscher Bhagwat Singh bei offiziellen Auftritten eingesetzt, bei denen er grundsätzlich Passagier war, kam RJY 15, ein Cadillac aus der Serie 75, vor allem bei den offiziellen Auftritten seiner Frau zum Einsatz, die 1955 zur Maharani von Udaipur wurde. Bei der Serie 75 konnte der Radstand bis zu 3,58 Meter erreichen, und außerdem lieferte Fleetwood zahlreiche Versionen. Insgesamt wurden neun unterschiedliche Karosserievarianten angeboten, wobei sich viele Möglichkeiten bei der Zahl der Sitze und der Unterteilung ergaben, sodass der Käufer unter 15 Modellen wählen konnte. Außerdem war es möglich, lediglich das Fahrgestell zu bestellen.

Für die junge Braut hatte die Familie Bikaner eine siebensitzige Limousine gewählt, die Karosseriebauer Fleetwood mit stark getönten Seitenfenstern versehen hatte, sodass die islamische „Purdah" erfüllt wurde, nach der die Männer die Frauen nicht unverschleiert sehen durften und die auch in einigen hinduistischen Regionen Indiens übernommen wurde. Zusätzlich ließen sich Vorhänge vorziehen. Sicher ist eben sicher. RJY 15 wurde von einem etwas stärkeren Motor als jenem im Series-61-Cadillac angetrieben und holte aus 5670 ccm 140 PS. Mit lediglich 26.293 Meilen oder 47.142 Kilometern auf dem Tacho ist die Limousine ein äußerst seltenes Modell: 44 Siebensitzer wurden insgesamt hergestellt (97 einschließlich der Fünfsitzer). 1939 wurden 2065 Exemplare der Serie 75 gebaut.

Diese nur selten eingesetzten Fahrzeuge, die niemals den Familienbesitz verlassen haben, illustrieren das Konzept vom „ewigen Mewar". Mit diesem Spruch wird für die Kette der Schlosshotels geworben. Arvind Singh Mewar und seine Familie sind heute die Hüter dieser Tradition.

RJY 14

GONDAL 20

Cabriolet Packard 120
aus dem Jahr 1935.
(© Makarand Baokar)

Eine dynastische Leidenschaft

Im Vergleich zu den Fürsten von Udaipur blickt die königliche Familie von Gondal auf eine relativ kurze Geschichte zurück, die vor rund vier Jahrhunderten begann. Der Zweig des Jadeja-Clans, der wiederum den wichtigsten Clan der Radjput Chandravanshi bildete, und von sich behauptete, vom hinduistischen Mondgott Chandra abzustammen, herrschte im 15. Jahrhundert über ein gewaltiges Gebiet. Es erstreckte sich über einen großen Teil der Halbinsel Kathiawar und der Region Kutch im heutigen Bundesstaat Gujarat in Westindien. Die Fürstentümer Kutch und Nawangar waren die wichtigsten Reiche in der Region, und Anfang des 17. Jahrhunderts verabschiedete sich ein Arm der Nawangar-Familie von der Sippe, um das Fürstentum Rajkot zu gründen. Später entstand außerdem das Fürstentum Gondal, das sich über 2562 Quadratkilometer ausdehnte.

Über die ersten beiden Jahrhunderte der Herrschaft ist wenig bekannt, doch man weiß so viel, dass sich mit der Thronbesteigung von Sagramji II. die Lebensbedingungen in Gondal deutlich verbessert haben sollen. So entstanden moderne Schulen, Gerichte wurden eingerichtet und eine Polizeitruppe aufgebaut. Obwohl es sich um einen Staat der „dritten Liga" handelte und der Herrscher nicht als „Raja" regierte, wurde Gondal 1866 zu einem Fürstentum mit dem Anspruch auf neun Salutschüsse befördert. Im Jahr 1869 starb Sagramji II., und sein gerade vier Jahre alter Sohn Bhagvatsingh wurde auf den Thron gehoben.

Bhagvatsingh Jadeja sollte sich als außergewöhnlicher Herrscher erweisen. Als er 1944 starb, hatte sich Gondal auf elf Salutschüsse hochgearbeitet, und der ebenso fortschrittliche wie aufgeklärte Fürst wurde zum Maharadscha befördert. Als einziger im Kreis der indischen Fürsten besaß er einen Universitätsabschluss als Mediziner.

Der Maharadscha hatte sich bereits früh für Medizin interessiert und das Fach im schottischen Edinburgh studiert, wo er 1895 sein Diplom in Empfang nahm. Ein Jahr zuvor hatte er bereits als Präsident den achten internationalen Hygiene- und Demographie-Kongress in Budapest geleitet. Danach wurde er Vizepräsident des indischen Mediziner-Verbandes. Damit war er offensichtlich noch immer nicht ausgelastet, denn neben seinen Pflichten als Fürst stellte er noch das vollständigste Gujarati-

Der Palast der
königlichen Familie
von Gondal.
(© Makarand Baokar)

Noblesse oblige: der Maharadscha von Gondal mit seinem AMG-Mercedes CLS 63. (© Makarand Baokar)

Wörterbuch zusammen, dessen neun Bände noch heute genutzt werden.

Diesen Wissensdurst und seine Gelehrtheit übertrug der Maharadscha auf seine Familie einschließlich seiner Frau und der Töchter. Eine Tochter zog es ebenfalls nach Edinburgh, wo sie allerdings Kunst studierte. Seinen vier Söhnen finanzierte er ebenfalls eine gute Ausbildung im Ausland: Kronprinz Bhojrajsingh wurde Ingenieur, der zweite Sohn, Bhuptasingh, folgte den Spuren des Vaters und studierte Medizin, während der jüngste Sohn eine Karriere bei der indischen Eisenbahn antrat. Der Fürst wirtschaftete derart gut, dass seine Bürger keine Steuern zahlen mussten. Unter seiner Herrschaft verzehnfachten sich die Einnahmen des Staates, sodass Gondal das höchste Pro-Kopf-Einkommen Indiens hatte. Es herrschte Schulpflicht, und der Unterricht war kostenlos. 1918 wurde Gondal zum einzigen indischen Staat, in dem auch die Mädchen in allen Dörfern eine Schulausbildung genießen konnten.

So sehr dem Herrscher das Wohlergehen seiner Untertanen am Herzen lag, begann er sich doch zögernd auch für die neuen motorisierten Spielzeuge der Reichen zu interessieren. Zwar war er am liebsten nach wie vor in Pferdekutschen unterwegs. Dennoch kaufte er nach und nach einen Minerva, einen De Dion, einen Humber, einen Clément-Bayard sowie einen Renault, einen Wolseley und einen Lanchester. Sein erstes 1907 erstandenes Automobil war ein seltsames Gefährt, das sich New Engine nannte, 40 PS leistete und für die Zeit recht fortschrittlich war. So war die Federung

besser als beim Rolls-Royce, was die Firma (der vollständige Name lautete New Engine Company NEC) aber nicht davor bewahrte, bald wieder von der Bildfläche zu verschwinden. Allerdings steht das Exemplar des Maharadschas noch immer in der fürstlichen Garage in Gondal.

Im Jahr 1930 brachte einer der Söhne des Maharadschas, der Maharadjkumar Bhupatsingh, nach seinem Studium in Großbritannien einen herrlichen Delage D8S an den Hof, den er beim Londoner Delage-Händler George Newman & Company erworben hatte. Der D8S, von dem lediglich 98 Exemplare hergestellt worden sind, ergänzte den fürstlichen Fuhrpark und gehört noch heute zu den automobilen Schmuckstücken. Als die Familie das Modell beim Delage-Club registrieren ließ, erfuhr

Maharadscha Jyotendra Singh mit seiner Frau und seinem Sohn Yuvaradj Himanshusinh Jadeja vor dem Mercedes 300 SL Roadster. (© Makarand Baokar)

Der Eingang des Palastes von Gondal. (© Makarand Baokar)

Antiquitäten und Kunstwerke aus dem königlichen Palast der Herrscherfamilie von Gondal.
(© Makarand Baokar)

sie, dass es zu den weltweit 18 letzten bekannten Exemplaren gehört.

Ein Coupé-Cabriolet Packard One Twenty mit Klappsitz im Heck ließ die Sammlung 1938 in der fürstlichen Garage weiter wachsen. Dabei handelte es sich um ein Hochzeitsgeschenk für den Maharadscha von Bhavnagar, das später noch ein Thema sein wird.

Nach dem Tod von Maharadscha Bhagvatsingh im Jahr 1944 folgte sein ältester Sohn Bhorjajsingh auf dem Thron. Der 61 Jahre alte ausgebildete Ingenieur war von Automobilen im Allgemeinen und von amerikanischen Modellen im Besonderen fasziniert. Ein Jahr nach dem Beginn seiner Herrschaft und nach dem Ende des Zweiten Weltkriegs beschloss er, dass es an der Zeit war, die Sammlung in der Palastgarage ein wenig zu vergrößern. Daher kaufte er dem Maharadscha von Bhavnagar 15 Autos ab. Darunter einen Mercedes-Benz mit sieben Sitzen, der später noch eine Rolle spielen wird.

Unter den übrigen 14 war der Bentley 4,5 Liter aus dem Jahr 1929 (Fahrgestellnummer NX3452) das außergewöhnlichste Modell. Der Maharadscha schenkte den von Vanden Plas aufgebauten Viersitzer seinem Sohn Shivrajsinhji, der ihn an den Thakursahib des Nachbarstaates Wadhwan verkaufte, der sich ebenfalls bald von dem Modell trennte. 1970 schließlich verließ der Bentley Indien. Er gehört heute zu einer britischen Sammlung.

Der Fürst kaufte in jenen Jahren auch einen sehr seltenen Daimler Double Six aus dem Jahr 1930. Von dem Typ wurden zwischen

1926 und 1935 nur 75 Exemplare gebaut. Die Limousine war ursprünglich vom Maharadscha von Bhavnagar bestellt worden, bevor sie schließlich in die Sammlung der Herrscher von Gondal rollte, wo sie bis heute steht.

Im gleichen Jahr 1945 erhielt der Maharadscha von seiner Schwester als Hochzeitsgeschenk einen Mercedes-Benz 500K aus dem Jahr 1935.

Der Maharadscha Bhojrajsingh erwarb außerdem zahlreiche Neuwagen wie ein Buick-Cabriolet Serie 50 Super und ein Cabrio-Coupé vom Typ Studebaker Commander Regal Deluxe, die beide 1947 den Fuhrpark ergänzten. Es folgten ein Cadillac Serie 62 Coupé-Cabriolet und ein seltener Frazer Manhattan, und im Mai 1952 gönnte sich der Maharadscha einen Invicta Black Prince (der später vorgestellt wird) als Geschenk für den Maharadjkumar Shivrasinhji. Allerdings nervte der Black Prince die Familie mit seinen technischen Macken, sodass er bald des Hofes verwiesen wurde.

Maharadscha Bhojrajsingh verstarb im Alter von 69 Jahren im Jahr 1952. Sein ältester Sohn Vikramsinhji Bhojrajisinhji bestieg als 37-Jähriger im gleichen Jahr den Thron. Seine beiden Söhne (er hatte noch zwei Töchter) waren vom Automobilvirus befallen. Der ältere der beiden, Jyotendrasinhji Vikramsinhji, der aktuelle Maharadscha von Gondal, kaufte sich 1958 einen Mercedes-Benz 300 SL Roadster, mit dem er über viele Jahre an Rennen teilnahm, und der noch heute in seiner Garage steht. Sein jüngerer Bruder, der Maharadj Ghanadityasinhji Vikramsinhji, fuhr damals ebenfalls Rennen in Indien und war vor allem Anfang der 1970er Jahre mit einem Formel 5000 (TS11) aus dem Team Surtees erfolgreich. Auch dieser Bolide gehört noch immer zur Familiensammlung.

Nun hat sich auch der Sohn des Maharaschas, Kronprinz Jyotendrasingh Himanshusinh Jadeja, mit dem Auto-Virus angesteckt, sodass sich die Tradition, begeisternde Automobile zu sammeln, fortsetzen wird. Wenn man durch die Garage der Maharadschas von Gondal schlendert, wird man eine der bedeutendsten Sammlungen von Automobilen im Erstbesitz erleben. Zwar wurden einige Wagen gebraucht gekauft, und natürlich hat sich die Familie von weniger interessanten Modellen getrennt, doch die meisten der 50 Exemplare stammen aus Familienbesitz und sind so Zeugen einer faszinierenden Geschichte geworden.

Der Yucaradj Himanshusinh Jadeja wird übrigens der 178. direkte Nachkomme des hinduistischen Mondgottes Chandra und der 126. Nachkomme des Gottes Krishna sein, einer der bedeutendsten Hindu-

Die Schatzkammer der Familie. (© Makarand Baokar)

Oben: Der Surtees F5000 des Maharadjkumar von Gondal (rechts), der am 8. Juni 2010 verstorben ist. In der Mitte Vijay Mallya (aktueller Besitzer des Formel-1-Teams Force India) in seinem Einsign-Formel-1-Renner. (© CMSC)

Die Familie hat in vier Jahrzehnten allerhand Pokale gewonnen. (© Makarand Baokar)

Gottheiten, die ebenfalls von Chandra abstammt und dem die Sekte Hare Krishna ihren Name verdankt. Natürlich hat Himanshusinh nichts mit dieser Gemeinschaft zu tun.

Neben dem New Engine aus dem Jahr 1907 stehen in der Palast-Garage mehrere Buicks, einige Chevrolet Camaros, die eine oder andere Corvette, Cadillacs, Jaguars und Modelle aus dem Haus Mercedes-Benz. Neben dem bereits erwähnten Cabriolet Buick Super aus dem Jahr 1947 stehen eine sehr seltene Cabrio-Limousine aus dem Jahr 1934 und ein Electra 225, Baujahr 1960, den der Maharadscha Jyotendrasingh kaufte, weil es ihm nicht gelungen war, einen Cadillac mit großen Heckflossen zu importieren. Trotz seiner Abmessungen wurde der Electra bei Rennen eingesetzt.

Unter den verschiedenen Camaros befindet sich ein außergewöhnlich schönes Exemplar aus dem Jahr 1969, ein weiteres aus dem Jahr 1971 und ein jüngeres, 1996 gebautes Exemplar. Bei den Corvettes handelt es sich um einen L82 von 1979 und einen ZR-1 aus dem Jahr 1992. Unter den Cadillacs sticht eine achtsitzige Limousine von 1941 aus der 75er Serie hervor. Ältester von drei Jaguars ist eine 3,5-Liter-Limousine von 1946. Bei den übrigen Vertretern der Marke handelt es sich um zwei XK150 von 1958 und 1960. Der jüngere ist eine S-Version, eine Variante des Serien-XK150 mit 252 PS). Lediglich 19 Exemplare wurden von dieser Version als Cabriolet mit Rechtssteuerung gebaut.

Wie der Wagen nach Gondal kam, ist eine ganz eigene Geschichte. Der Wagen war dem Maharadscha von Dharampur abgekauft und pünktlich zu den Trainingsläufen am Vortag eines Rennens geliefert worden, das am 18. Geburtstag von Maharadjkumar Ghanadityasinhji gestartet wurde. Tatsächlich war der Jaguar ein Geburtstagsgeschenk seines Vaters, Maharadscha Vikramsingh. Der Maharadjkumar Ghanadityasinhji siegte in dem Rennen mit seinem Jaguar, während sein Bruder, Yuvaradj Jyotendrasinhji, ein anderes Rennen mit seinem Mercedes-Benz 300 SL gewann.

Die sehr seltene S-Version des Jaguar XK150 aus der Sammlung von Gondal. (© Makarand Baokar)

Unter den zahlreichen Mercedes-Benz-Modellen, die in der fürstlichen Sammlung stehen, besitzt eines eine besonders bunte Geschichte. Der 280S aus dem Jahr 1979 gehörte einst dem Bollywood-Star der 1970er Jahre, Zeenat Aman, seinerzeit so etwas wie die Brigitte Bardot Indiens.

Das andere herausragende Stück ist ein Formel-5000-Monoposto: ein Surtees TS11 aus dem Jahr 1972. John Surtees ist der einzige Motorsportler, dem es gelang, bei den Motorrädern und in der Formel 1 zu Weltmeisterehren zu fahren, und feierte auch als Konstrukteur einige Erfolge. Nach seiner aktiven Zeit als Fahrer gründete er 1970 sein eigenes Team Surtees Racing und baute Rennwagen für die Formel 1, die Formel 2 und die Formel 5000. 1972 ließ Surtees seinen Formel-5000-Boliden TS11 vorfahren, der auf dem Formel-1-Monoposto TS9 basierte und mit dem man versuchte, auf den Erfolgen des TS8 aufzubauen.

Zwei Teams wählten die Surtees-Entwicklung, und beide waren mit dem Boliden erfolgreich unterwegs. Der Niederländer Gijs van Lennep sicherte sich die britische Meisterschaft, und Sam Posey belegte in der amerikanischen Rennserie den zweiten Platz. Der Gondal-Bolide ist van Lenneps Auto und eins von nur sieben produzierten. Ein weiteres Exemplar wurde bei einem Unfall zerstört, und heute sind nur noch vier Exemplare bekannt, wobei allerdings nicht sicher ist, ob die fehlenden Nummern (05 und 06) zu Modellen gehören, die tatsächlich die Surtees-Werkstatt verlassen haben.

1973 wurde der Wagen (Nummer 02) von Clive Santo gefahren, der ihn 1974 an Chris Oates weitergab, der dem Boliden einen 5,7-Liter-Chevrolet-Motor implantierte, um damit 1974 und 1976 an den Start zu gehen. Im Januar 1977 wurde der Rennwagen von einem gewissen Mike Gue übernommen, der ihn schließlich an den Maharadjkumar Ghanadityasinhji von Gondal verkaufte.

Der Maharadjkumar, auch „Ghanu" genannt, gewann damit 1978 und 1979 den „All India GP" auf der Strecke von Sholvaram in der Nähe von Madras (heute Chennai). Wegen technischer Probleme mit dem Motor konnte er 1980 nicht starten, doch nachdem der Motor gegen ein neues 5,7-Liter-Aggregat aus den USA ausgetauscht worden war, war er 1981 wieder siegreich und gewann noch ein Jahr später ein Rahmenrennen, in dem er den Formel-1-Boliden Einsign N177 von Vijay Mallya schlug, der heute das Formel-1-Team Force India besitzt. Surtees-Boliden siegten außerdem in Rennen in Kalkutta und Bombay (heute Mumbai).

Als der Maharadjkumar den Rennwagen vor einigen Jahren verkaufen wollte, griff sein Neffe, der Yuvaradj Himanshusinh Jadeja, zu und stellte ihn in seine wachsende Sammlung. Vor einiger Zeit fügte der Neffe seiner Sammlung außerdem einen Buick Riviera aus dem Jahr 1997 und eine Dodge Viper hinzu. So setzt er eine Familientradition fort und sichert sich heute Modelle, die mit großer Sicherheit einmal begehrte Sammlerobjekte sein werden. Dazu gehört auch ein kürzlich gekaufter Mercedes CLS 63 AMG, der wahrscheinlich der schnellste Viertürer Indiens ist.

Maharadscha Shivrajsinhji und sein Mercedes 500 K aus dem Jahr 1935. (© Makarand Baokar)

Mercedes-Benz 500 K, 1935

Im Jahr 1945 erhielt der Maharadjkumar Shivrajsinhji Bhojrajsinhji von seiner älteren Schwester einen Mercedes-Benz 500K zum Geschenk. Damals konnte man sich noch nicht vorstellen, dass der Mercedes einmal eines der wertvollsten Automobile Indiens sein würde. Der Zweite Weltkrieg war gerade beendet, und die Fabriken von Mercedes-Benz und der anderen berühmten deutschen Herstellern waren zerstört. In den fünf vorangegangenen Jahren hatte kaum mehr ein ziviler Pkw die Fabrikationsstätten verlassen. Auch die anderen europäischen Industrieunternehmen lagen am Boden. Die Produktion war noch nicht wieder in Gang gekommen, sodass es schlicht unmöglich war, neue Automobile zu kaufen.

Als also Prinzessin Vijaba, die ältere Schwester des Maharadjkumar Shivrasinhji, ihrem jüngeren Bruder anlässlich dessen Hochzeit einen Wagen aus der Garage ihres Gatten schenkte, war der Maharadjkumar außerordentlich glücklich. Seine ältere Schwester war übrigens mit dem Maharadscha Krishnakumarsinhji verheiratet und konnte daher ein besonders außergewöhnliches Automobil mitbringen: einen Mercedes-Benz 500 K. Die Mercedes-Benz-Modelle S und SS

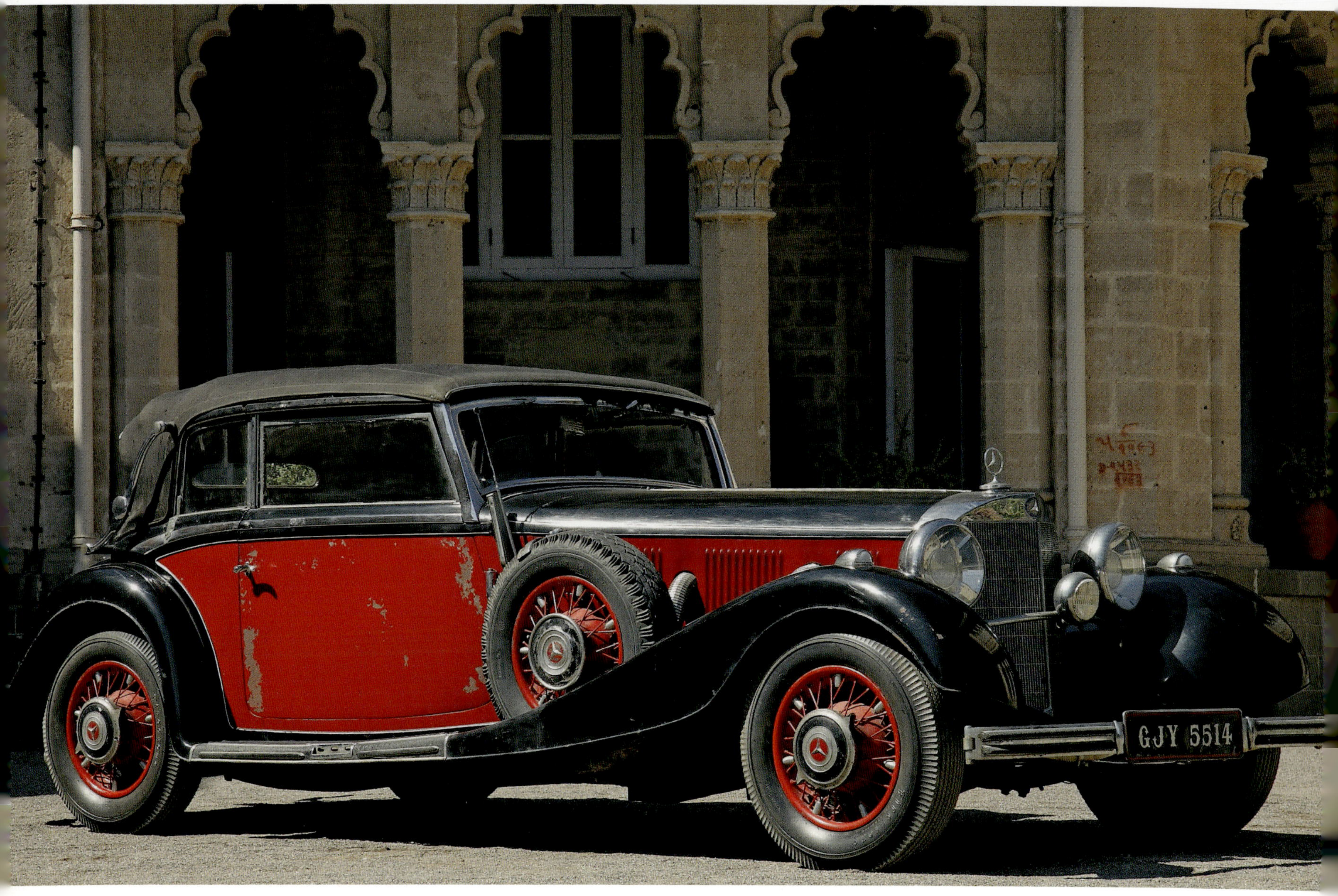

Der Mercedes 500 K ist wenig gelaufen und befindet sich im Originalzustand. (© Makarand Baokar)

(sowie ihre Varianten SSK und SSKL) hatten die Zeitgenossen mit ihrer aggressiven Silhouette und schier unbegrenzter Leistung beeindruckt. Daimler-Benz wusste aber auch, dass die meisten Marken-Liebhaber ein Modell suchten, das sowohl sportlich war, aber auch ausreichend Komfort für den täglichen Einsatz bot und nicht nur am Wochenende bei Rennen rasant gefahren werden konnte. Chefingenieur Hans Nibel bekam daher den Auftrag, eine neue Modellgeneration zu entwickeln, die dank der aufgeladenen Motoren sportliche Leistungen bot, gleichzeitig aber äußersten Komfort und Ruhe bei hohen Geschwindigkeiten bieten musste.

Im Februar 1933 rollte zunächst der 380 zu den wohlhabenden Kunden, denen mehrere Motorenvarianten angeboten wurden, von denen drei aufgeladen waren. Außerdem hatte der große Mercedes als erstes Modell eine Viergangschaltung mit dem größten als Schnellgang. Der 380 wurde nur ein Jahr später vom 500 K abgelöst, bei dem Nibel großen Wert auf harmonische Leistungsentfaltung gelegt hatte. Gleichzeitig ließ sich das Schwergewicht recht leicht bewegen. Unter der langen Haube arbeitete ein Motor von beachtlichen Abmessungen: Der Reihenachtzylinder des 500K und später des 540 K brachte es in der Länge auf mehr als einen Meter.

Armaturentafel des Mercedes 500 K – komplett und original erhalten.
(© Makarand Baokar)

Während der dreijährigen Produktionszeit des 500 K entstanden 342 Exemplare. Das „indische Modell“ wurde 1935 hergestellt. Es befindet sich abgesehen von einer mittlerweile auch schon mehrere Jahrzehnte alten Neulackierung im Originalzustand. Selbst die Sitze sind noch original. Der Maharadjkumar hat sich nie von ihm getrennt. Noch heute ist er ein großer Automobil-Liebhaber. Einst hat er es genossen, in seinem neuen Wagen mit Tempo 160 durch sein Fürstentum zu jagen. Heute wird der 500 K nur noch selten bewegt, und wenn, dann sitzt ausschließlich der Maharadjkumar hinterm Lenkrad. Niemand sonst darf den Mercedes auch nur berühren!

Packard One Twenty Cabriolet, 1935

Das Packard-Cabriolet 120 aus dem Jahr 1935.
(© Makarand Baokar)

Die Geschichte des Packards ähnelt der des Mercedes. Auch das Cabriolet war ein Hochzeitsgeschenk, doch dieses Mal stammte es vom Maharadscha von Bhavnagar, Krishnakumarsinhji, der den Wagen 1935 gekauft hatte. Drei Jahre später fand das Cabriolet seinen Platz in der Garage der königlichen Familie von Gondal, wo es bis heute untergebracht ist.

Packard war es gelungen, sich von Mitte der 1920er Jahre an als Hersteller von Luxusmodellen zu etablieren, genoss hervorragende Verkaufszahlen und übertraf regelmäßig auch Cadillac. Mit Ausnahme der Jahre 1931, 1932 und 1934 hatte Packard bis zum Zweiten Weltkrieg die Nase vorn. Von 1934 an verließ sich die Marke allerdings nicht mehr allein auf ihre Luxusmodelle, sondern bot nun auch Autos an, die nicht ganz so teuer waren. Ein Vertreter dieser neuen Richtung war 1935 der One Twenty. Diesem Modell verdankte Packard sein Überleben in den Jahren nach der großen Depression, als eine amerikanische Prestige-Marke nach der anderen beim Konkursrichter vorfahren musste.

Der One Twenty stand für die radikale Neuausrichtung der Marke. Preiswerter als die übrigen Packards, war er für Zeitgenossen gedacht, die sich immer schon einen Packard gewünscht hatten, sich diesen Wunsch aber aus finanziellen Gründen nicht hatten erfüllen können. Dank des guten Rufs, den sich die Marke gegen Ende der 1920er Jahre auch in Indien erfahren hatte, verkaufte sich der One Twenty auf dem Subkontinent ebenfalls sehr gut.

Der One Twenty wies die typischen Packard-Merkmale auf: das Ochsenjoch-Design von Kühler und Haube, die Radkappen mit sechseckigem Emblem und die klassisch-elegante Linienführung. Der Achtzylindermotor besaß seitlich gesteuerte Ventile (L-Kopf), eine fünffach gelagerte Kurbelwelle, einen stark verrippten Motorblock, groß dimensionierte Kühlung sowie individuelle Auspuffkrümmer für jeden Zylinder. Der Motor hatte einen Hubraum von 4195 ccm und leistete entspannte 110 PS. Der Name One Twenty ergab sich aus dem Radstand von 120 inches, was 3,05 Metern entspricht.

Die meisten in Indien bestellten One Twenty waren Limousinen, zweitürige Cabrios sind ausgemachte Raritäten. Doch der aufgeklärte Maharadscha von Bhavnagar, ein erklärter Automobil-Liebhaber, wählte mit der zweitürigen offenen Version die modischere Variante, in der dank des hinteren Notsitzes eine dritte Person transportiert werden konnte. Es ist allerdings kaum anzunehmen, dass es sich dabei um die Schwiegermutter gehandelt hat. Der für den von Cartier veranstalteten Concours d'Elégance 2008 restaurierte Wagen ist heute ein perfekter Vertreter der amerikanischen Automobilbaukunst vor dem Krieg, irgendwie ein Modell, das zum großen Gatsby passt – und natürlich in die noble Umgebung eines indischen Fürstenhofes.

MANAGER

GONDAL 20

GONDAL 18

GASOLINE
FULL
OIL
MILES

Mercedes-Benz 290, 1935

Der Maharadscha Krishnakumarsinhji von Bhavnagar war ohne Zweifel ein großer Automobil-Liebhaber und hatte sich wie sein Vater im Laufe der Jahre eine stattliche Zahl von Wagen zugelegt. Neben dem Mercedes-Benz 500 K und dem Packard One Twenty steht ein weiteres Schmuckstück des Maharadschas von Bhavnagar in der Sammlung von Gondal: ein Mercedes-Benz 290 aus dem Jahr 1935. Der 1945 erworbene Siebensitzer hat einen Ehrenplatz in der Garage des Palastes.

Im Jahr 1934 kam der große Mercedes-Benz 290 (W18) auf den Markt. Sein Entwurf ging auf den des damals besonders wichtigen Modells Mercedes-Benz 170 zurück, das der technische Direktor Hans Nibel entwickelt hatte. Der Mann hatte bereits für die Typen 500 K und 540 K sowie für den erfolgreichen Rennwagen W25 verantwortlich gezeichnet. Nachdem der Markt für Luxusmodelle in der Weltwirtschaftskrise geschrumpft war, hatte Mercedes-Benz mit dem 170 versucht, ein neues Stammpublikum aufzubauen, indem man den Stern auch für die Mittelklasse erschwinglich machte. Das Konzept hatte Erfolg, und der 170 wurde die Basis für eine ganze Reihe von Modellen, die auch leistungsstärkere Motoren erhielten. Eins davon war 1934 der 290.

Er wurde von einem Reihensechszylinder mit einem Hubraum von 2867 ccm angetrieben und bis 1936 gebaut. Wie damals üblich, wurde der Wagen mit zwei Radständen (2,88 und 3,30 Metern) und 14 Karosserietypen – vom zweisitzigen verführerischen Roadster bis zur wuchtigen siebensitzigen Limousine für die Großfamilie – angeboten. Mit einer Bohrung von 78 mm und einem Hub von 100 mm, einer Verdichtung von 6,6:1 und einem einfachen Solex-Vergaser kam der Motor auf bescheidene 68 PS bei 3200 Umdrehungen.

Diese Leistung wurde über ein Dreiganggetriebe an die Hinterräder gebracht. Immerhin erreichte der 290 ohne größere Anstrengungen eine Höchstgeschwindigkeit von 100 Stundenkilometern. Mit

Mercedes-Benz 290
aus dem Jahr 1935.
(© Makarand Baokar)

Der Mercedes-Benz 290 wird noch heute regelmäßig eingesetzt. (© Makarand Baokar)

Blattfedern vorne und der hinteren Pendelachse sowie 17-Zoll-Felgen bot der Mercedes zeitgemäßen Komfort, was wohl einer der Gründe für den Maharadscha von Bhavnagar gewesen sein wird, den Mercedes zu kaufen.

Während der fünfjährigen Bauzeit entstanden 3929 Exemplare, und obwohl die Version mit langem Radstand durchaus beliebt war, zogen die meisten Kunden die Varianten Torpedo-Cabriolet und Cabriolet D vor. Der 290 von Gondal gehört natürlich zu den Varianten mit langem Radstand (3,30 Meter). Die konservative aber elegante Karosserie hatten Mercedes-Designer entworfen. Sie bot sieben Menschen ausreichend viel Platz. Wie einige amerikanische Luxusmarken bevorzugte auch Mercedes-Benz die Entwicklung eigener Karosserien.

Chassis und Mechanik wogen zusammen 1325 Kilogramm, inklusive Karosserie bringt der 290er dann 1,8 Tonnen auf die Waage. Die Preise reichten von 7950 bis 11.500 Reichsmark für das Modell mit langem Radstand.

Der in seinen ersten Jahren häufig eingesetzte Mercedes 290 verlässt heute nur noch selten die Garage. So zeigt der Zähler nicht mehr als 75.000 Kilometer an. Der 290 in zweiter Hand ist schon etwas Besonderes angesichts der Tatsache, dass weltweit nur ganz wenige Autos des Typs überlebt haben. Das kürzlich restaurierte Schmuckstück ist vielleicht nicht das am hellsten strahlende Juwel in der Sammlung, aber es zeichnet sich zweifellos durch seine zurückhaltende Eleganz aus.

Das Heck eines sehr, sehr langen Autos. Die Cadillac-Limousine aus dem Jahr 1955. (© Makarand Baokar)

Cadillac Serie 75, 1955

Der Cadillac ist ein Vertreter der Nachkriegsgeneration. 1957, zwei Jahre nach seiner ersten Zulassung, wurde die Limousine in Delhi von einer Botschaft zum Kauf angeboten, und der junge Yuvaradj von Gondal beschloss, sie zu kaufen. Er war zwar erst 17 Jahre alt und durfte sich daher höchstens im Hof des Palastes hinter das Lenkrad setzen, doch war er wie sein Vater vom Automobilvirus angesteckt und wie er von den großen US-amerikanischen Straßenkreuzern fasziniert.

Der Cadillac Serie 75 Fleetwood ist in der Tat ein großer Amerikaner. Sein Radstand von 3,88 Meter ist weiter als mancher Kleinwagen lang, und seine Länge von 6,21 Metern übertrifft die so manchen Kleinbusses. Sein Leergewicht von fast zweieinhalb Tonnen entspricht ungefähr dem von vier Tata Nanos. Keine Frage, dieser Cadillac ist eine gewaltige Menge Blech, und um dieses Monster in Bewegung zu bringen, benötigt man entsprechende Technik. Der V8 (90 Grad) hat einen Hubraum von 5425 ccm und leistet 250 PS bei 4400 Umdrehungen, was er nicht zuletzt einem Carter-Vierfach-Vergaser verdankt.

Sieben Jahre zuvor hatte Cadillac mit dem Modelljahr 1948 die Heckflossenmode eingeläutet, inspiriert von der Doppelrumpfkonstruktion mit zweifachem Seitenleitwerk des US-Kampfflugzeugs Lockheed P-38 „Lightning“. Die Designer Bill Mitchell, Frank Hersey und Art Ross hatten, angeleitet vom brillanten Harley Earl, für den 1949er Cadillac-Jahrgang eine

„kleine Flosse“ erdacht, mit der das Heck zum ersten Mal fast genauso interessant wurde wie die Frontpartie eines Autos. Dies war der Auftakt zu einer veritablen Schlacht unter den amerikanischen Designern, bei der es immer nur um das eine ging: Wer hat die größten Flossen? Die des 1955er Cadillac waren da noch ziemlich zurückhaltend und eher Detail als bestimmendes Merkmal.

Die aufregendsten Veränderungen betrafen ganz andere Linien der Karosserie. 1950 waren die ungeteilte und gebogene Windschutzscheibe vorgestellt und der Kühlergrill geändert worden. 1951 gab es kleine zusätzliche Grills unter den Scheinwerfern, die im Jahr darauf geflügelten Markenzeichen wichen. 1953 wurde die Heckscheibe weiter herumgezogen und verlor die Streben. Außerdem kamen aggressiv wirkende Stoßstangehörner hinzu. 1954 wurden die Linien neu gezogen: Cadillacs wurden länger, flacher, breiter und mit weit herumreichenden Panoramascheiben ausgestattet. 1955 gehörte Cadillac zu den begehrtesten Luxusmarken der Welt.

Die Zahl der Bestellungen wuchs noch, als der neue Antrieb seine Premiere feierte. 1949 hatte Cadillac einen neuen V8-Motor mit hängenden Ventilen präsentiert. Der neue Achtzylinder war leistungsstärker, obwohl er kleiner und leichter ausgefallen war und außerdem weniger verbrauchte. Er war 5,7 Liter groß und leistete mit 160 PS zehn Pferdestärken mehr als der alte Seitenventiler, der obendrein 90 Kilogramm mehr auf die Waage brachte. Der neue Motor war auch ausdauernd, wie er 1950 beim 24-Stunden-Rennen in Le Mans bewies, wo ein serienmäßiger Cadillac den zehnten Platz belegte – bis heute hat das kein Luxusmobil mehr geschafft.

Während der folgenden fünf Jahre stieg die Leistung nach und nach bis zu den 250 PS, die 1955 den Cadillac auf Trab brachten. Im Eldorado kam der Motor angeblich gar auf 270 PS. Zusammen mit dem neuen Motor hatte Cadillac eine neuartige Automatik entwickelt, sodass dank Hydra-Matic das Fahren in dem Straßenschiff zum Kinderspiel wurde.

Der Yuvaradj von Gondal, Jyotendrasinhji Vikramsinhji, war von der Idee beseelt, die Fleetwood-Limousine in die königliche Garage zu bringen. Das Modell war die Verkörperung des Luxus auf vier Rädern und verfügte über eine beeindruckende Sammlung von Extras, die allesamt damals zu den Seltenheiten zählten: Servobremse, Klimaanlage, Heizung, Radio mit voreinstellbaren Sendern, Nebelscheinwerfer, elektrisch verstellbare Frontsitze, Regelung des Radios über ein Fußpedal, Schminkspiegel, Scheibenwaschanlage und (damals unverzichtbar) Weißwandreifen.

Unser Caddy war nur einer von 841 im Jahr 1955 hergestellten Fleetwood-Limousinen und schlichtweg ein teures Auto. Mit 6402 Dollar war es die kostspieligste Möglichkeit, einen Cadillac zu fahren – nach dem zweitürigen Eldorado-Cabriolet. Nur wenige existieren noch. Die fürstliche Familie von Gondal weiß ganz genau, was für eine Rarität in ihrer Garage steht, und setzt den Wagen nur noch selten ein.

Der Cadillac war der ideale Wagen für offizielle Anlässe mit Chauffeur, und so wurde er auch meistens bewegt. Wollte er also selbst das Fahrerlebnis hinterm Volant genießen, und das am besten in einem echten Traumauto, musste der Yuvaradj sich noch etwas gedulden.

Die außerordentlich beeindruckende Cadillac-Limousine aus dem Jahr 1955. (© Makarand Baokar)

GJ 3 K 300

Mercedes-Benz 300 SL Roadster, 1958

Dieses Schmuckstück kam nur ein Jahr nach dem Cadillac in die fürstliche Sammlung. Yuvaradj Jyotendrasinhji Vikramsinhji Jadeja war sich während eines Europa-Besuchs nicht sicher, ob er sich einen Ferrari oder einen Bentley Continental mit Scheinwerfern in der Form seiner Initialen JJ zulegen sollte. Als ausgemachter Autoliebhaber hatte er natürlich auch allerhand über den Mercedes-Benz 300 SL gehört, sodass er sich zu einer Reise nach Deutschland entschloss.

Der 300 SL galt als das in jeder Hinsicht bemerkenswerteste Automobil seiner Zeit. Daimler-Benz hatte sich nach dem Zweiten Weltkrieg bald wieder erholt und beschlossen, sportliche Traditionen wieder aufleben zu lassen. Das Ergebnis war der 300 SL (Sport Leicht) mit einem Rohrrahmen und einem breiten und hohen Schweller, der die Entwicklung der berühmten Flügeltüren notwendig machte. Nach den ersten drei Plätzen beim Grand Prix von Bern, den beiden ersten Podiumsrängen in Le Mans und einem weiteren Dreifachsieg auf dem Nürburgring 1952 wurde das Serienmodell auf den Markt gerollt und auf Anhieb zum ersten Supercar der Welt.

Nachdem zwischen 1954 und 1957 1401 Coupés gebaut worden waren, enthüllte Daimler-Benz seinen neuen ultraschnellen Roadster (W 198 II). Das Modell war die Antwort auf die Forderungen nach einem offenen Sportwagen mit ausgezeichneten Leistungswerten. Im Vergleich zu seinem Vorgängermodell hatte man dem Roadster vorne einige Retuschen spendiert. Die Scheinwerfer saßen hinter senkrecht gestellten Gläsern. Außerdem war das Fahrwerk verbessert worden. Doch die wichtigste Veränderung gegenüber dem Coupé war eine Überarbeitung der Struktur, sodass die Schweller niedriger ausfielen und den Einstieg durch die konventionell angeschlagenen Türen erleichterten.

Der Wagen war immer noch sensationell, jedoch raffinierter als praktisch, aber auf jeden Fall einfach fabelhaft. Das sah der junge indische Fürst genauso, verlangte nach einer Testfahrt, die man ihm gewährte, und nach einer kleinen Ausfahrt mit einer kurzen 200-km/h-Einlage war es um den jungen Mann geschehen. Er musste einen 300 SL haben und bestellte ihn auch sogleich.

Anfang 1959 traf der Sportwagen in Indien ein. Der junge Mann hatte von Beginn an nicht die Absicht, seinen Sportwagen im Alltag zu missbrauchen. Er wollte Rennen fahren. Allein 1967 sicherte er sich 15 Siege bei Veranstaltungen in Sholavaram in der Nähe von Madras (heute Chennai), in Bangalore und in Poona. Im gleichen Jahr hängte er seine Rennhandschuhe an den berühmten Nagel, und der potente

Der 300 SL ist der einzige seiner Art in Indien.
(© Makarand Baokar)

Abgesehen von einer Lackierung befindet sich der Mercedes noch immer fast im Originalzustand. (© Makarand Baokar)

Sechszylinder des 300 SL wurde fortan nur noch gelegentlich angelassen.

Mit Ausnahme einer neuen Lackierung befindet sich der Mercedes noch sehr nahe am Originalzustand. Von den 1858 hergestellten Roadstern ist das Exemplar von Gondal das einzige in Indien. Der Wagen hat es auf dem Subkontinent zu einer gewissen Berühmtheit gebracht und ist immer wieder der Star der verschiedenen Shows (bei denen er einige Male siegte). Der in zahlreichen Magazinen vorgestellte 300 SL Roadster hat nur einen Besitzer gekannt und ist ein weiteres Beispiel für die Automobil-Tradition der fürstlichen Familie von Gondal. Für den Maharadscha Jyotendrasinhji Vikramsinhji ist dieser Zweisitzer die automobile Liebe seines Lebens. Niemals mehr hat er eine vergleichbare Zuneigung zu einem Automobil gefühlt.

GJ·3·K·300

Schöne Zeiten im königlichen Palast

Der Palast des Maharadschas von Jodhpur, ein prächtiger und unglaublich verschwenderischer großzügiger Art-déco-Bau, hat eine besondere Geschichte. Er entstand als Arbeitsbeschaffungsmaßnahme während einer langen Hungersnot. Während der Bauzeit zwischen 1929 und 1943 waren 3000 Arbeiter und Handwerker beschäftigt, die mehr als 90.000 Quadratmeter Marmor in dem weitläufigen Palast verbauten. Wenn am Abend die Sonne langsam untergeht, bringen die letzten Strahlen den Palast dank des einheimischen Sandsteins, dem sogenannten Chittar, zum Leuchten.

Eigentlich waren britische Möbel für den Palast vorgesehen, doch die Hälfte der Möblierung verbrannte bei einem deutschen Bombenangriff im Lager. Die andere Hälfte versank in den Fluten des Ozeans, als der Frachter von einem deutschen U-Boot torpediert wurde. Daher wurden die Möbel am Ende von Handwerkern aus der Region gefertigt. Und die hatten einiges zu tun – 347 Zimmer wollten möbliert sein. Damals war der Palast die größte private Residenz der Welt, bis ein gewisser Nicolae Ceausescu noch ein wenig größer dachte und seine Gedanken schließlich auch verwirklichte. Heute dienen 98 der 347 Zimmer, alle elegant mit Antiquitäten möbliert und klimatisiert, einem Fünf-Sterne-Luxushotel als Unterkünfte für die wohlhabende Kundschaft. Die fürstliche Familie von Jodhpur lebt noch immer im Schloss und erhält diesen historischen Schatz für die Nachwelt. Sie spielt auch eine wichtige Rolle in der Tourismuswerbung Indiens und in der Geschichte des Indiens der Fürsten.

Gaj Singh II., der aktuelle Maharadscha von Jodhpur, ehemaliger Parlamentsabgeordneter und Hoher Kommissar (oder Botschafter) Indiens in Trinidad und Tobago, hat sich selbst neu erfunden und für sich eine Marktlücke entdeckt, als 1971 die sogenannten Privy Purses, die Ausgleichzahlungen an die Fürsten für die Eingliederung ihrer Staaten in die Indische Union, eingestellt wurden. Bapij, wie ihn Familie und Angestellte nannten, profitierte von seinem Studium in Großbritannien, wo er den British National Trust kennenlernte, der Schlösser unterhält, deren Besitzer finanziell dazu nicht mehr in der Lage sind. Mittlerweile nimmt Jodhpur beim „Schlösser-Tourismus“ eine Vorreiterrolle in Indien ein.

Die Festung Mehrangarh thront über Jodhpur. (© Bob Rupani)

Der Maharadscha von Jodhpur, Gaj Singh II., und sein Sohn, Yuvaradj Shivraj Singh, haben den Rolls-Royce Phantom II und das Buick-Cabrio vor dem Palast Umaid Bhavan abgestellt.
(© Bob Rupani)

Oben: Der prachtvolle Palast Umaid Bhavan. (© Umaid Bhavan)

Die blaue Stadt Jodhpur. (© Gautam Sen)

Am Rande der Wüste Thar und entlang der Karawanenroute nach Delhi, Zentralasien und China gelegen, wurde Jodhpur im Laufe der Jahrhunderte immer reicher. Der Bau der Festung Mehrangarh im Jahr 1459 durch Rao Jodha gab der Stadt nicht nur ihren Namen, sie wurde auch die Hauptstadt und löste so Mandore ab. Die Stadt entwickelte sich zur zweitwichtigsten Stadt in Rajasthan gleich nach Jaipur. Rao Jodha, Chef des Clans der Marwar Rathore, der noch acht weitere Königreiche gegründet hatte, lebte drei Jahrzehnte lang in seiner neuen Hauptstadt. Am Ende seines Lebens war er ein beneideter Mann. Seine Familienlinie kontrollierte seiner Zeit mehr als 200.000 Quadratkilometer, eine Fläche so groß wie Großbritannien.

Seine Hoheit Radsch Rajeshwar Saramad Raj-hai Hindustan Maharadscha Dhirah Maharadscha Sri Sir Urmaid Singh Bahudar, 22. Fürst nach Rao Jodha, bestieg 1918 den Thron von Jodhpur. Der Herrscher war einer der aufgeklärtesten Fürsten in der Geschichte des Staates und übernahm auch den Posten des Präsidenten des British Royal Institute of Architects ein. Daneben begeisterte er sich für Automobile. Der Palast mit seinen großzügigen Balkons, romantischen Höfen, luxuriösen Gärten und beeindruckenden Zimmern war in der Tat ein beachtliches Beispiel für die indo-sarazenische Architektur am Ende des 19. und zu Beginn des 20. Jahrhunderts. In dem Bau vermischten sich indische mit islamischen Elementen plus neugotische Partien, wie sie damals in Großbritannien unverzichtbar waren. Zu diesem Palast passt dann auch bestens die außergewöhnliche Sammlung automobiler Kostbarkeiten.

Während seiner Herrschaft von 1918 bis 1947 legte sich Umaid Singh eine beachtliche Automobilsammlung zu, die vom banalen Morris bis zu einer Flotte sehr spezieller Rolls-Royce reichte. Dazwischen stehen Modelle von Rover, Chevrolet und Cadillac und sogar ein Talbot. Außerdem besaß der Fürst einen Bugatti, einige Bentleys, darunter das außergewöhnliche Coupé Aerofoil 3,5 Liter, das J. Gurney Nutting entworfen hatte. Eine weitere mechanische Delikatesse war ein eleganter Vauxhall-Speedster 13/98 aus dem Jahr 1925 mit einem Bootsheck. Doch seine bevorzugten Automobile waren seine raffiniert gezeichneten Rolls-Royce.

Einer seiner ersten war ein 1920 gekaufter Silver Ghost mit von Barker entworfener polierter Aluminium-Karosserie. Außerdem sicherte er sich noch zwei weitere, allerdings gebrauchte, Silver Ghosts. Drei Jahre später gönnte sich der Maharadscha zwei Rolls-Royce Twenty, wieder mit Barker-Karosserie, allerdings in den Varianten Landaulet und Coupé. Damit war der Hunger auf britischen automobilen Luxus aber noch nicht gestillt, denn wieder ein Jahr später folgte ein weiterer Rolls mit Barker-Aufbau als Reiselimousine.

Als der neue Phantom von Rolls-Royce 1926 eingeführt wurde, beauftragte der Maharadscha – wen sonst? – Barker mit dem Aufbau einer zweisitzigen Karosserie mit Bootsheck. Beim nächsten Phantom ging der Auftrag allerdings an Windovers, und niemand weiß, warum er so plötzlich seinen persönlichen Blechschneider wechselte. Vielleicht, so die Vermutung, waren die anderen Karosseriebauer moderner und origineller. Wie dem auch sei, die von Windovers 1927 aufgebaute Limousine besitzt sehr angenehme Proportionen, und das polierte Aluminium widerstand auch dem Monsun.

Natürlich griff der Maharadscha sofort zu, als der Phantom II zu den Schönen und Reichen rollte. Seine Wahl fiel auf ein Coupé-Cabriolet, das der französische Designer Binder entworfen hatte. Dieser Wagen verließ allerdings Indien vor einigen Jahrzehnten und tauchte Anfang der 1980er Jahre in der amerikanischen Fernsehserie „Bring `Em Back Alive“ auf, in

Die Zimmer des Palasthotels Umaid Bhavan. (© Umaid Bhavan)

Sänften wie dieses vergoldete Exemplar aus dem 19. Jahrhundert waren die traditionellen Transportmittel der Fürsten. (© Gautam Sen)

Maharadscha Gaj Singh in seiner Uniform. (© Umaid Bhavan)

Der ausgezeichnete Rolls-Royce Phantom II in den 1960er Jahren. (Sammlung Suchandra Roy)

Der Rolls-Royce Phantom II von Jodhpur gehört nun zur Sammlung von Amir Ali Jetha in Mumbai. Der Packard steht noch immer im Fuhrpark der Familie. (© Makarand Baokar)

der der Rolls einer königlichen Familie des fiktiven Fürstentums Bundi irgendwo im Orient gehörte. Ein Jahr nach dem Phantom II gönnte sich der Fürst ein weiteres ebenfalls äußerst exklusives Automobil. Ein von J. Gurney Nutting entworfenes Streamline Coupé, das heute bei Amir Ali Jetha in Mumbai steht. Außerdem kaufte er noch ein Coupé-Cabriolet von Windovers auf einem Continental-Fahrgestell.

Dieses außergewöhnliche blau lackierte Schmuckstück gehört noch heute zur Sammlung von Umaid Bhavan, befand sich aber zum Zeitpunkt meines Besuches in der Restaurierungswerkstatt. Wenn es wieder im alten Glanz erstrahlt, wird es ein hervorragendes Beispiel für das Automobildesign der 1930er Jahre sein. Das Coupé besitzt ausfahrbare Trittbretter, die sich beim Öffnen der Türen entfalten. Der einfache Mechanismus ist äußerst praktisch und war damals eine geniale Erfindung.

Das einzige Modell aus der Garage von Umaid Bhavan, das für dieses Buch fotografiert werden konnte, ist ein Buick Roadmaster-Cabriolet aus dem Jahr 1947.

Maharadscha Umaid Singh verstarb am 9. Juni 1947, zwei Monate vor der Unabhängigkeit Indiens. Sein ältester Sohn Hanwant Singh, der seine Nachfolge antrat, war ebenfalls ein großer Automobil-Liebhaber. Doch daneben galt seine Leidenschaft vor allem dem Polosport, in dem er sich immer wieder auszeichnete. Daneben war er auch ein großer Freund der Magie. Der Mann war zweifellos sehr vielseitig.

Neben seinem Buick gönnte sich Hanwant Singh während seiner kurzen Herrschaftszeit (er kam 1952 bei einem Flugzeugunglück ums Leben) noch weitere Modelle aus der umfangreichen General-Motors-Familie: Cadillacs, von denen zwei der 1947 produzierten Serie 62 angehörten und die sich noch immer in Umaid Bhavan befinden, sowie ein Packard aus dem Jahr 1948. Doch der mit Abstand schönste Kauf war ein Delahaye 135 mit einer Karosserie von Figoni & Falaschi, den Gebrauchtwa-

TRAVEL
PLEASE DO NO

JODHPUR№4

Ton in Ton: Der 1947er Buick Roadmaster. (© Makarand Baokar)

Der Maharadscha und sein Sohn Yuvaradj Shivraj Singh in traditioneller Bekleidung. (© Bob Rupani)

genhändler Bahoo Motors in Mumbai feilbot, und der weiter hinten im Buch extra vorgestellt wird.

Noch ein Wort zum Buick aus dem Jahr 1947. Die Marke war damals bei den Fürsten und wohlhabenden Indern sehr angesagt, was nicht zuletzt an der General-Motors-Fabrik in Indien lag. GM hatte in Mumbai direkt neben dem Hafen die erste indische Automobilfabrik aufgebaut, in der zunächst Chevrolets gebaut und später Buick-Modelle montiert wurden. Die besonders teuren und seltenen Cadillacs hingegen mussten importiert werden,was sie bei den Maharadschas besonders beliebt machte, die sie aus purem Snobismus in ihre Garagen stellten. Die Buicks wiederum waren die kostspieligsten in Indien produzierten Modelle und wurden wegen ihres komfortablen Fahrwerks und der guten Federung von den Fürsten sehr geschätzt. Das galt besonders in den 1940er Jahren, als aus dem kriegsgeschüttelten Europa kaum mehr Autos kamen und praktisch nur die amerikanischen Marken in der Lage waren, das Luxus-Bedürfnis der indischen Hautevolee zu befriedigen. Namentlich Buick war da besonders beliebt. Dieses Luxus-Cabriolet, das als Linkslenker importiert wurde, bot sich als prachtvolle Alternative für die zahlreichen offiziellen Anlässe an.

Von den ersten Tagen des Kalten Krieges gegen Ende der 1940er Jahre an bis zur zweiten Amtszeit von Präsident Eisenhower beherrschte Buick die amerikanischen Highways und lag deutlich vor dem Trio Chevrolet, Ford und Plymouth. Die Position des unumstrittenen Anführers hatte spürbare Auswirkungen auf die Reputation der Marke in Indien. Mutiges Design, rund und leise laufende Motoren sowie der Ruf einer Premiummarke waren die Zutaten für das Erfolgsrezept von Buick. Das 1947er Modell, ein majestätisches Automobil, bot praktisch das gleiche wie ein Cadillac, kostete aber nur ein Viertel dessen, was für den Rivalen zu berappen war.

Im Jahr 1947 wurde der Buick in drei Varianten angeboten: Special, Super und Roadmaster. Lediglich die Modelle Super und Roadmaster waren als offene Autos lieferbar. Das Modell von Jodhpur, ein Serie 70 Roadmaster, ist der größere der beiden offenen Roadmaster, die Buick damals produzierte. Buick-Cabriolets waren damals übrigens die weltweit erfolgreichsten ihrer Gattung. Von den 40.371 im Jahr 1947 produzierten Roadmaster kamen 12.074 Exemplare ohne festes Dach in die Garagen der Kundschaft. Und das, obwohl der offene Roadmaster das teuerste Modell der Baureihe war. Dennoch gehören Roadmaster-Cabriolets heute zu den gesuchten Raritäten, und die meisten der überlebenden Cabriolets in Indien gehören zu den Super-Varianten. Angetrieben wurde der Buick von dem Achtzylinder Fireball Dynaflash mit 5247 ccm, der 144 PS leistete. Der Wagen war für seinen geschmeidigen und äußerst leisen Motorlauf und für das perfekt arbeitende Getriebe bekannt. Nicht unwichtig, wenn man als Fahrer Herrn und Frau Fürst mit größtmöglichen Komfort chauffieren musste.

Nach 39.323 Meilen respektive 63.284 Kilometern wurde der Buick im Jahr 2006 aufwändig restauriert. Bei dieser Gelegenheit spendierte man dem Wagen auch eine

JODHPUR No 27

Der Buick Roadmaster in königlicher Umgebung. (© Makarand Baokar)

beige-rote Lackierung und stellte so die ursprünglichen Farben wieder her. Das schwarze Verdeck wurde ebenfalls erneuert. Es öffnet und schließt sich vollautomatisch dank eines elektro-hydraulischen Mechanismus´. Zieht der Fahrer am entsprechenden elfenbeinfarbenen Griff, verschwindet das Verdeck wie von Zauberhand bewegt im Wagenheck, drückt er ihn wieder hinein, entfaltet es sich über den Köpfen der Insassen. Die hinteren Seitenscheiben mit Chromrahmen können bei Bedarf geöffnet werden. Dazu kommen eine elektrisch verstellbare Sitzbank und hydraulisch bewegte Seitenscheiben. 1947 war dies der absolute Höhepunkt des Luxus.

Das Cockpit des Wagens beherrscht ein elfenbeinfarbiges Lenkrad, das fast die Ausmaße des Steuerrads eines Kreuzfahrtschiffs besitzt. Die Hupentaste in der Mitte des Lenkrads ist wie ein Schmuckstück ziseliert und ist groß wie ein Kuchenteller. Wer ganz sacht den verchromten Hupenring nach vorn drückt, löst dann auch ein Signal aus, das dem Nebelhorn der „Queen Mary" in nichts nachsteht. Die lackierte Armaturentafel bietet eine großzügig verchromte Uhrensammlung. Allein der Lautsprecher erinnert an eine Musikbox von Wurlitzer, und die Uhr sowie die übrigen Instrumente mit kupferfarbenen Zifferblättern und viel Bakelit machen einen sehr edlen Eindruck. Alle Details sind mit viel Liebe entworfen und ausgeführt. Die großen Aschenbecher im Fond etwa könnten auch den Schreibtisch eines Generaldirektors schmücken.

Der Buick thront im Zentrum der kleinen, aber sehr speziellen Sammlung der königlichen Familie von Jodhpur. Angesichts der engen Verbundenheit des Maharadschas mit der Vergangenheit des Hauses darf man vermuten, dass alle diese Fahrzeuge, die mindestens sechs Jahrzehnte alt sind, noch viele Jahre vor sich haben.

Die Automobile von Ajit Bhavan

Der Buick Super gehört zum Schlosshotel Ajit Bhavan.
(© Makarand Baokar)

Während der Maharadscha seine Verantwortung gegenüber seinen Untertanen demonstrierte, indem er den Palast Umaid Bhavan errichten ließ, um damit Arbeitsplätze zu schaffen, gilt dies nicht gleichermaßen für seinen jüngeren Bruder, den Maharadjiradj Sir Ajit Singhi, der sich aus sehr persönlichen Gründen einen wesentlich bescheideneren Palast errichten ließ. Auch wenn sein Bruder einige Jahre später in eine prachtvolle Residenz umziehen würde, so ging es ihm vor allem darum, einen Platz zu finden, wo er mit seiner Familie leben konnte.

Im Jahr 1927, zwei Jahre, bevor mit dem Bau von Umaid Bhavan begonnen wurde, hatte Ajit Singhji sein Schloss, das er Ajit Bhavan nannte, fertiggestellt. Die Residenz wurde aus dem roten Sandstein der Region gebaut, der ihr eine ganz besondere Tönung gibt. Ebenfalls im indo-sarazenischen Stil gebaut, allerdings eher indisch als neogotisch und mit einer Kuppel im Zentrum, vermischt die Architektur Mogul- und Rajasthan-Tradition, wobei sich europäische Einflüsse nicht übersehen lassen.

Obwohl bei weitem nicht mit den Ausmaßen von Umaid Bhavan gesegnet, stellt der Palast Ajit Bhavan einen außerordentlich großen Besitz dar, der sich nach der Abschaffung der „Privy Purses“ zur großen finanziellen Belastung der bedauernswerten Nachfolger von Ajit Singhji entwickelte. Daher beschlossen sein Sohn Swarop Singh und dessen Frau Rani Usha, die Tore der königlichen Residenz den Besuchern der „blauen Stadt“ Jodhpur zu öffnen. Die beiden wurden so zu Pionieren der indischen Schlosshotels. Mit ihrer Öffnung ließen sie ihre Gäste ein wenig den Luxus einer längst untergegangenen Epoche genießen. Ein Teil des Schlosses

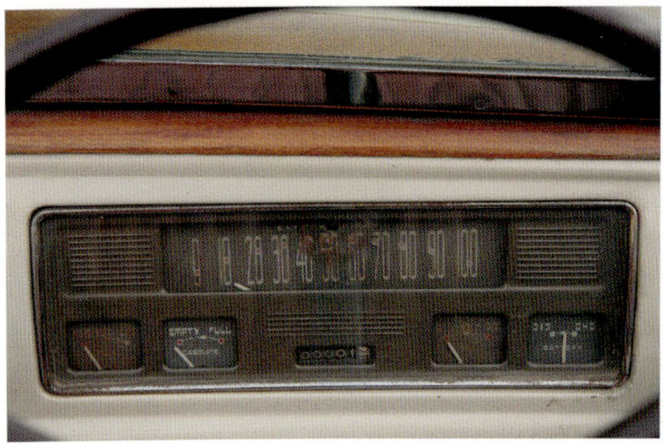

Der offene viertürige Chevrolet stammt aus dem Jahr 1939. (© Makarand Baokar)

wird noch immer von der Familie bewohnt, doch der größte Teil (81 Zimmer) mutierte zum Hotel Ajit Bhavan.

Die Kommerzialisierung des Palastes schloss die Garage nicht aus. Die meisten der historischen Karossen stehen den Gästen des Hauses zur Verfügung. Gegen entsprechendes Entgelt kann sich die geschätzte Kundschaft von einem Chauffeur zum Flughafen, zum Bahnhof, in die Innenstadt oder in die Umgebung von Jodhpur fahren lassen. Man stelle sich die Fahrt zur Festung Mehrangargh an Bord eines Pontiac aus dem Jahr 1933 oder in einem Ford Phaeton von 1934 vor. Wie wäre es, sich mit einem Packard oder einem 1947 gebauten DeSoto abholen zu lassen?

In der Garage warten außerdem drei Buick Serie 50 (einer aus dem Jahr 1947, zwei von 1948) auf ihren Einsatz. Die drei Automobile werden von Reichenachtzylindern mit 4064 ccm Hubraum und 110 PS (1947) respektive 115 PS (1948) angetrieben. Daneben stehen drei Chevrolets: ein Kombi von 1936, ein Cabriolet aus dem Jahr 1939 und ein Fleetmaster von 1947. Von Ford stammen ein Cabriolet (Baujahr 1928) und ein V8 von 1947. Ein MG TC aus dem Jahr 1947 wartet ebenfalls auf seinen Einsatz. Die Nähe zur Wüste erklärt die fünf Allradmodelle: Drei Willys-Jeeps (zwei aus dem Jahr 1952, einer von 1965), ein Ford-Jeep, Baujahr 1942, und ein Kaiser von 1962. Die meisten Automobile wurden in Indien montiert und restauriert und sind einsatzbereit. Sie dienen nicht nur den Hotelgästen als willkommene und stilvolle Fortbewegungsmittel, sie ergänzen auch das historische Ambiente auf das Trefflichste.

Der Pontiac aus dem Jahr 1932 vor dem Schlosshotel Ajit Bhavan. (© Makarand Baokar)

Bei den Gästen des Palasthotels Ajit Bhavan ist der Pontiac besonders beliebt. (© Makarand Baokar)

Ein Traum in Rot: Der Delahaye 135 war seinerzeit eins der schnellsten Autos. (© Makarand Baokar)

Der Schönste von allen: Delahaye 135 DE aus dem Jahr 1939

Maharadscha Dalip Singh und sein Delahaye. (© Makarand Baokar)

Das Unternehmen, das die indische Öffentlichkeit 1945 noch als Mahindra und Mohammed kannte, hieß ab 1948 Mahindra und Mahindra, nachdem Finanzpartner Ghulam Mohammed nach der Teilung im neuen Staat Pakistan dessen erster Finanzminister wurde. Anderthalb Jahre später begann Mahindra und Mahindra mit der Montage des Willys Jeep CJ3B unter indischer Lizenz als Mahindra Jeep.

Lange bevor im so genannten Westen Allradautos Mode wurden, begründete der Mahindra in ganz Indien eine Art neues automobiles Lebensgefühl. Bald war der Jeep dank seiner exzellenten Fähigkeit, mit den schlechtesten Wegen fertigzuwerden, eine alltägliche Erscheinung, und die Originale von Ford, Kaiser und Willys wurden immer seltener.

Als die amerikanische Botschaft 1955 ihre Willys-Jeep-Flotte versteigerte, machte sich der 18 Jahre alte Maharadj Dalip Singh in seiner Heimatstadt Jodhpur auf den Weg nach Delhi, um mitzubieten. Das tat er offensichtlich mit Begeisterung, und bevor er vollständig begriffen hatte, was geschehen war, war er bereits glücklicher Besitzer von vier Willys Jeeps geworden. Drei verkaufte er wieder, den besten der Flotte, einen 1952er, aber behielt er.

In den 1950er Jahren diente der Jeep vor allem der Jugend als Fortbewegungsmittel in Jodhpur. Der Maharadj war damit auf dem Stand der Technik, kleidete sich nach der letzten Mode und lenkte seinen Amerikaner zur Universität und zu den angesagten Nachtclubs. Hin und wieder führten ihn seine Ausfahrten in die Wüste rund um Jodhpur. Das Leben war ein Fest für den fünften Sohn des letzten Maharadschas von Jodhpur, Umaid Singh.

Doch nach zehn Jahren treuer Dienste und trotz der bemerkenswerten Qualitäten im Gelände rund um Jodhpur dachte Dalip Singh an einen eleganten sportlichen Wagen.

Bei einem Aufenthalt in Mumbai war ihm ein kleiner Austin-Healey aufgefallen, und er hatte spontan beschlossen, dass dies sein nächstes Automobil sein müsse. Doch er hatte die Rechnung ohne seinen älteren Bruder gemacht. Als er dem bei einem Besuch von seinen Plänen erzählte, schlug ihm Himmat Singh etwas ganz anders vor: ein Tausch seines Willys Jeep gegen den Wagen des älteren Bruders.

Dalip Singh konnte den Handel nicht ausschlagen, weil der Maharadj Himmat Singh sein älterer Bruder war und man in der Hindu-Tradition sich nicht gegen seinen älteren Bruder stellen konnte. Außerdem erschien der Handel einigermaßen gerecht.

Allerdings konnte er sich mit dem Automobil, das sein Bruder vorschlug, nicht recht anfreunden. Es gefiel ihm beim besten Willen nicht. Es war ein französisches Vorkriegsmodell, hatte einen kaum stillbaren Benzindurst und war von einem obskuren französischen Unternehmen gebaut worden, das seinen Laden 1954 geschlossen hatte. Der junge Mann war nun also Besitzer eines roten Monsters,

finanziell ein Fass ohne Boden – und dafür musste er auch noch seinen kleinen Jeep abgeben. Doch wenn der große Bruder es so wollte ...

Statt des sparsamen Austin-Healey, den er sich damals im Jahr 1965 kaufen wollte, besaß der jugendliche Fürst Dalip Singh nun einen Delahaye 135 aus dem Jahr 1939. Damals konnte er sich noch nicht vorstellen, dass sein Wagen in Indien einmal als das schönste und wahrscheinlich wertvollste Automobil bewundert werden sollte. Im Jahr 2008 gewann die französische Schönheit den ersten Preis beim Concours d'Elégance Cartier in Mumbai. Himmat Singh hielt den Delahaye in den ersten Jahren allerdings schlicht für nicht besonders zuverlässig und sah in dem Wagen bloß einen gigantischen Benzinverschwender. Außerdem war er davon überzeugt, dass der Zweisitzer wegen seiner ausladenden Formen nicht sonderlich handlich war. Sicher, auf seine Weise war der Franzose attraktiv, aber gleichzeitig auch veraltet. Himmat Singh hatte eigentlich kein Interesse, ihn zu behalten und trauerte seinem praktischen Jeep nach. Doch die Familientradition ließ es den Weiterverkauf gar nicht zu.

Maharadscha Hanwart Singh, der den Delahaye einst gekauft hatte, war ein großer Liebhaber von Automobilen gewesen. Und obwohl seine Vorliebe vor allem großen amerikanischen Straßenkreuzern galt und seine Flotte vor allem aus Cadillacs, Buicks und Packards bestand, war er bei einem Besuch in Mumbai zufällig bei Bachoo Motors gelandet, wo der riesige rote Zweisitzer zum Verkauf stand. Und obwohl das Cabriolet bereits zwei Besitzer vor ihm gehabt hatte, konnte er der Versuchung einfach nicht widerstehen. Vorbesitzer war der Fürst von Berar, Azam Jah, der einen Ruf als Automobilkenner hatte. Tatsächlich hatten Azam Jah und sein jüngerer Bruder im Laufe ihres Lebens einige der schönsten Automobile erworben, die jemals auf indischen Straßen rollten: Duesenbergs, Delages, Bentleys, Cadillacs, Hispano-Suizas,

Mercedes, Packards und natürlich auch den einen oder anderen Rolls-Royce. Den Delahaye hatte der Fürst von Berar nicht als Neuwagen gekauft, sondern von einem reichen französischen Geschäftsmann namens Casimir Jourde erworben, der einen großen Teil seines Lebens in Indien verbrachte.

Das 1894 von Emile Delahaye gegründete Unternehmen war während des Ersten Weltkriegs zu einem wichtigen Lastwagen-Produzenten aufgestiegen. In den 1920er Jahren ließ die Nachfrage nach Nutzfahrzeugen nach, sodass der damalige Chef des Unternehmens, Charles Weiffenbach, den jungen, 29 Jahre alten Ingenieur Jean Francois mit der Entwicklung einer Serie sportlicher Modelle beauftragte. Allerdings sollte er sich dabei bereits vorhandener Teile bedienen, und so kam es, dass Lastwagenkomponenten als Grundlage für einen der exklusivsten französischen Luxuswagen dienten. Jean Francois entwarf außerdem ein tiefer gelegtes Chassis mit verstärkten Längsträgern und unabhängig aufgehängten Vorderrädern. Beim Pariser Automobilsalon 1933 feierten zwei Modelle, ein Vier- und ein Sechszylinder, Premiere. Anstelle einer konventionellen Schaltung, die man für veraltet hielt, wählte man ein Cotal-Vorwahlgetriebe.

Bei diesem Salon schlug die aus Irland stammende US-Amerikanerin Lucy O'Reilly Schell dem Delahaye-Chef Weiffenbach vor, eine Rennsport-Version zu entwickeln. Gestützt auf die finanzielle Unterstützung von Schell brachte Delahaye ein entsprechendes Modell an den Start und war damit auch erfolgreich.

Man begann also mehr und mehr über den Vierzylinder zu sprechen, doch die Erfolge gingen vor allem auf das Konto des Sechszylinders. Vom Typ 135 gab es mehrere Versionen wie den 135 Compétition Spéciale (135 CS) für die Rennen, den 135 Sport und das 135 Coupé. Die beiden letztgenannten wurden von einem 3,2-Liter-Motor angetrieben, wobei der Sport auf 90 und das Coupé auf 110 PS kam. Die Version Compétition erreichte 120 PS und eine

Die prächtigen Linien des Delahaye 135 stammen von Figoni und Falaschi.
(© Makarand Baokar)

beeindruckende Beschleunigung dank eines 3,6 Liter großen Motors.

Der 1934 entwickelte 135 nahm im darauffolgenden Jahr an den 24 Stunden von Le Mans, am Rennen Paris-Saint Raphael und an der Rallye Monte Carlo teil, wo der Wagen sensationell auftrat und sich als außerordentlich zuverlässig erwies. 1936 belegte ein Delahaye den zweiten Platz bei der Rallye Monte Carlo, und im gleichen Jahr siegte die Rennversion beim Grand Prix von Marseille. Beim französischen Grand Prix wiederum belegte der Typ 135 die Plätze Zwei, Drei, Vier und Fünf.

Im Jahr 1937 siegten René Le Bègue und Julio Quinlin mit einem Delahaye bei der Rallye Monte Carlo. Ein besonderer Trumpf des 135 war das sehr tief gelegte Chassis, mit dem sich das Fahrverhalten deutlich verbesserte und den Delahaye auch zur ersten Wahl bei den französischen Karosseriebauern machte. Die vordere unabhängige Aufhängung und die über die Hinterachse geschwungenen Rahmenbögen verhalfen dem sportlichen Wagen zu seiner großartigen Straßenlage.

Das schönste Design war zweifellos eine teerosenfarbene Karosserie, die beim Pariser Automobilsalon im Oktober 1936 auf dem Stand von Figoni und Falaschi enthüllt wurde. Der auf dem 2,5-Meter-Fahrwerk der Version Compétition aufbauende unglaubliche Delahaye war auf Anhieb der Star der Messe, auch wenn sich angesichts des exorbitanten Preises von 300.000 Francs zunächst kein Käufer fand. Vier Tage nach Ende des Salons kaufte den Wagen der 25 Jahre alten Prinz Aly Khan, Sohn des Aga Khan III. Er herrschte später als Karim Aga Khan IV. Neu schwarz lackiert und mit dem Kennzeichen 1111 RK6 registriert, blieb der Delahaye in Paris, wo der Prinz eine seiner Residenzen unterhielt. Später verschwand die Karosserie, und das Chassis tauchte bei einem amerikanischen Sammler auf.

Obwohl Joseph Figoni einen hervorragenden Ruf als Designer genoss, kam es wegen des Delahaye 135 zu einer hässlichen Kontroverse um die Form. Geo Ham (sein vollständiger Name war Georges Hamel) war als Maler bekannt, der sich auf die Darstellung von Szenen mit Automobilen und Flugzeugen spezialisiert hatte.

Er beanspruchte das Urheberrecht am Design des Delahaye, sodass sein Name beim Pariser Automobilsalon hätte erwähnt werden müssen. Ham ging vor Gericht, wo man ihm Recht gab, sodass er bei allen Modellen dieser Serie als Designer genannt werden musste, auch wenn längst nicht alle Wagen wieder aufgetrieben werden konnten. Nach Ansicht des Delahaye-Spezialisten Richard Alatto hätte Ham seinen Prozess niemals gewinnen dürfen. Wie dem auch sei – die Modelle dieser Serie stehen als „Roadster, Salon de Paris 1936, Série Geo Ham" in den Katalogen. Bis Mitte 1938 wurden sieben Wagen bei Figoni und Falaschi bestellt und produziert und mit dieser Plakette geschmückt, auch wenn kein Exemplar dem anderen glich. Die Länge des Chassis konnte ebenso variieren wie andere Details. Es war damals das goldene Zeitalter der Karosseriebauer, und Figoni und Falaschi galten als die großen Couturiers der Luxusbranche.

Das neunte Exemplar der Serie wurde von einem gewissen Monsieur Jourde bestellt, der seinen Geschäften im indischen Mumbai nachging und mit Joseph Figoni und seiner Familie befreundet war. Tatsächlich brachten sich die Figonis während der deutschen Besetzung auf dem Besitz von Jourde in der Bretagne in Sicherheit, wie Claude Figoni, der Sohn von Joseph, einmal berichtete.

Jourde war der erste Kunde, der ein Exemplar der Version Compétition mit dem 2,95 Meter großen Radstand gekauft hatte. Er war in der gleichen Farbe wie der Delahaye V12 165 lackiert, der 1938 auf dem Pariser Automobilsalon für Furore gesorgt hatte. Das Fahrzeug (Chassisnummer 49150) wurde ohne weitere Verzögerung nach Indien verfrachtet.

Im darauffolgenden Jahr 1939 kaufte Jourde das zehnte Exemplar dieser Serie, allerdings eine sehr spezielle Variante. Der sogenannte 135 MS (für Modifiée Spéciale) war die endgültige Version auf dem Delahaye-Chassis. Der Wagen schaffte problemlos 160 km/h, was ihn zu einem der schnellsten Fahrzeuge seiner Zeit machte. Als der MS 1938 vorgestellt wurde, hatte das Chassis bereits als Basis für so

Der Delahaye in den Achtzigern vor seiner Restaurierung. (Sammlung Dalip Singh)

Schöne Details des Delahaye. (© Makarand Baokar)

manchen rennsportlichen Erfolg gedient, etwa für einen Sieg bei den 24 Stunden von Le Mans. Die Variante Compétition war vor allem für die sportliche Kundschaft entwickelt worden und hatte drei Vergaser, spezielle Einlass- und sechs Abgaskrümmer, die auch für die MS-Straßenmodelle übernommen wurden.

Der Delahaye 135 MS mit der Chassisnummer 60217 wurde in dem gleichen Rot lackiert wie das ein Jahr zuvor gekaufte Modell und nach Indien exportiert. Warum sich Jourde zwei fast identische und extrem kostspielige Automobile zulegte, bleibt ein Rätsel. Möglicherweise wollte er das gleiche Auto in Frankreich wie in Indien haben und hat sich dann anders entschieden, weil er die Kriegsgefahr korrekt einschätzte. Möglich auch, dass er den ersten Delahaye bereits in Indien verkauft hatte und nun für Ersatz sorgte. Claude Figoni hält dies für möglich. Wie dem auch sei, beide Autos wurden jedenfalls irgendwann wieder verkauft.

Nun wird es allerdings etwas unübersichtlich. Laut dem Auto-Historiker Richard Adotto wurde das 1938er Modell mit der Fahrgestellnummer 49150 an den Fürsten von Berae, Mukarran Jah, verkauft. Richtig muss es wahrscheinlich Azam Jah, Fürst von Berar (und nicht Berae), heißen. Mukarran Jah war dessen Sohn, der damals ein kleiner Junge und erst 1933 zur Welt gekommen war. Nach mehreren Jahren wurde der Wagen wieder verkauft und tauchte 1980 in einem bedauernswerten Zustand und in seine Einzelteile zerlegt wieder auf, als ein Engländer versuchte, ihn aus Indien zu schmuggeln. Nach seiner Restaurierung wurde das Fahrzeug 1989 bei der Bagatelle-Schönheitskonkurrenz in Paris gezeigt. Im gleichen Jahr holte es den ersten Preis beim Oldtimer-Salon Rétromobile in Paris und erhielt den begehrten Titel „Car of the Show“. 1992 hatte der Delahaye seinen Auftritt im kalifornischen Pebble Beach, wo ihn der Sammler Peter Mullin erwarb und den außergewöhnlichen Wagen in seine ebenso außergewöhnliche Sammlung französischer Vorkriegsmodelle stellte. Danach siegte der Delahaye noch bei einigen anderen Concours d'Élégance in Los Angeles, Pasadena und Schwetzingen.

Der nachtblau lackierte Delahaye 135 mit der Chassisnummer 49150 ist der Öffentlichkeit seit 1989 bekannt, und die Geschichte der vergangenen beiden Jahrzehnte ist dank zahlreicher Siege bei Wettbewerben und der aufwändigen Recherchen seiner Besitzer gesichert. Recht wenig bekannt ist jedoch über die ersten 40 Jahre seiner Existenz.

Angeblich, so wird erzählt, wurde der Wagen von Monsieur Jourde an den Maharadscha von Nawanagar, Digvijaysinhji Ranjitsinhji Jadeja verkauft, der sich einen Namen als Automobil-Liebhaber gemacht hatte und der sein Herz an die „schöne Französin“ verloren hatte. Allerdings können sich weder seine Tochter Harshadkumari noch sein Neffe Durgapratapsinh Sisodia, der Maharadscha von Pratapgarh, an den Wagen erinnern. Der Maharadscha hatte seinen guten

Ein stolzer Maharadscha: Beim Concours d'Elégance Cartier in Mumbai wurde der Delahaye im Jahr 2008 als „Best of Show" ausgezeichnet. (© Makarand Baokar)

Geschmack übrigens bereits mit der Wahl einiger Vanden-Plas-Karosserien für seine Lanchester unter Beweis gestellt.

Der Maharadscha von Nawanagar, so geht die Geschichte weiter, hat den Delahaye dann an den letzten Maharadscha von Jaipur verkauft. Sawai Man Singh II. war ein charmanter Zeitgenosse und ehemaliger Polospieler. Berühmt geworden war er aber vor allem durch seine Hochzeit mit der legendären Schönheit Gayatri Devi, die aus dem Fürstentum Cooch Behar stammte. Eine berühmte Aufnahme zeigt sie neben dem Delahaye 135 (Serie Geo Ham) aus dem Jahr 1936. Dieses Foto aus dem Buch „Les Automobiles des Maharadjas" von Sharada Dewidevi und Manvendra Singh belegt das Gerücht, dass eines der beiden nach Indien exportierten Exemplare nach Jaipur gekommen war. Ein weiteres Gerücht will wissen, dass der Wagen verlassen in Indore und nicht in Jaipur aufgefunden wurde. Letztlich steht aber nur fest, dass der Wagen in den 1980er Jahren aus Indien herausgebracht wurde. Einige Zeitgenossen glauben, dass es ein drittes Exemplar gegeben haben muss – allerdings einen Vierzylinder. Maharadscha Dalip Singh erinnert sich daran, ein ähnliches Modell in einem Schaufenster in Delhi gesehen zu haben, doch der französische Delahaye-Experte Jean Paul Tissot versichert, dass es niemals einen Vierzylinder im Design Ham gegeben habe. Dennoch ist es durchaus möglich, dass ein Delahaye mit der Fahrgestellnummer 49150 zwischen dem Fototermin in Jaipur und dem Auftauchen in Indore einmal bei einem Händler in Delhi stand.

Es ist aber auf der anderen Seite ebenso denkbar, dass die Zeitgenossen den Delahaye 135 mit dem Delahaye 175 verwechselt haben, den der Maharadscha von Mysore gekauft hatte. Was für ein Nummernsalat. Gleichzeitig darf man auch vermuten, dass der Wagen irgendwo sonst in Indien unterwegs war, bevor er von der Bildfläche verschwand, um später in den Händen von Elton John aufzutauchen, der ihn zwischen 1980 und 1983 besaß.

Allerdings ist die wahrscheinlichste Hypothese, dass der gute Adatto schlicht die Rahmennummern 49159 und 60217 verwechselt hat, was der langjährige Besitzer, Maharadscha Dalip Singh,

genauso sieht. Danach hat der Fürst von Berar, Azam Jah, Chassisnummer 60217 von Monsieur Jourde gekauft und den Wagen später nach einigen Jahren an den berühmten Händler Bachoo Motors in Mumbai verkauft, wo ihn schließlich der Maharadscha Hanwant Singh entdeckte, kaufte und ihn später kurz vor seinem Tod seinem jüngeren Bruder Himmat Singh schenkte. Und 1965 kam es schließlich zu dem berühmten Tausch unter den beiden Brüdern Himmat Singh und Dalip Singh. Am Ende besaß Dalip Singh den Star des Pariser Automobilsalons von 1936. Von diesem Modell wurden insgesamt zwölf hergestellt, von denen heute noch sechs Exemplare erhalten sind.

Als er den Delahaye mehr oder weniger freiwillig übernommen hatte, wusste der junge Fürst nicht viel über die Marke, die bekanntlich nicht unbedingt seine erste Wahl gewesen war, doch im Laufe der Jahre begann er den roten Schlitten zu schätzen. Unter anderem bewies der Delahaye auf einer 700 Kilometer langen Fahrt zum Berg Abu und zurück nach Jodhpur seine superben Qualitäten als Reisewagen.

In den 1970er Jahren wurden immer mehr Freunde und auch losere Bekannte beim Maharadscha vorstellig mit der Bitte, ihnen doch das Prachtstück für eine Hochzeit oder ein Fest auszuleihen. Dalip Singh war da recht großzügig, musste jedoch erleben, dass der Wagen jedesmal ein wenig abgenutzter wieder zurückkehrte. Und dann war da noch der aufdringliche Brite, der ihn jeden Winter fragte, ob er den Wagen nicht endlich verkaufen wollte. Nach dem achten oder neunten Besuch des lästigen Briten war Dalip Singh endgültig klar, dass der Delahaye wirklich etwas ganz Besonderes sein musste. Daher bockte er den Wagen Mitte der 1980er Jahre unter dem Vorwand technischer Defekte auf, um zu verhindern, dass sein roter Delahaye zum offiziellen Hochzeitswagen wurde. Der Trick funktionierte.

Nach ein paar Jahren wurde klar, dass der Wagen stillgelegt noch mehr litt. 1992 ließ der Maharadscha den Delahaye gründlich überholen und nutzte ihn dann selten, aber regelmäßig. Im Jahr 2005 begann dann die Farbe endgültig zu verblassen, und Risse zeigten sich im Lack. Der Delahaye wurde im gleichen Rot neu lackiert. Tatsächlich hatte Dalip Singh an eine zweifarbige

Angemessene Kulisse: Der Delahaye vor dem Schlosshotel von Chanwa. (Sammlung Fort Chanwa Luni)

DELAHAYE

Lackierung gedacht, doch der Delahye-Club in Paris hatte ihm nachdrücklich davon abgeraten. Der Zweisitzer wurde drei Jahre später noch ein weiteres Mal vor seinem Auftritt beim Concours d'Elégance Cartier in Mumbai lackiert. Restaurator Manvendra Singh wählte dazu diesmal ein etwas dunkleres Rot.

Mit Ausnahme der kosmetischen Maßnahmen an der Karosserie befindet sich der Zweisitzer noch immer nahezu vollständig im Originalzustand. Unter den Instrumenten in der Armaturentafel befinden sich neben dem Tachometer ein Höhenmesser, ein Drehzahlmesser mit integriertem Thermometer, ein Ampèremeter und ein Kilometerzähler. Im Gegensatz zu vielen anderen antiken Fahrzeugen, die die meiste Zeit in irgendwelchen Hallen stehen, wird der Delahaye noch immer von Dalip Singh bewegt. Allerdings werden alle Anfragen nach einer Ausleihe inzwischen kategorisch abgelehnt, nachdem ein französischer Besucher den Fürsten über den Wert seines Schatzes aufgeklärt hat.

Den Wagen anzulassen, ist eine Kunst, und nachdem man auf den Anlasser gedrückt hat, erwacht der Motor langsam, um sich dann in einem sonoren Blubbern zu stabilisieren, nachdem die drei Vergaser die sechs Zylinder ausreichend versorgt haben. Als 135 MS hatte der Delahaye ursprünglich drei Solex-Vergaser, die zugunsten größerer Zuverlässigkeit irgendwann durch Ford-Teile ersetzt wurden. Der Motor mit seinen 3557 ccm hat angeblich einmal 135 PS geleistet und das 1,4 Tonnen schwere Schmuckstück auf 155 km/h beschleunigt. 1939 war das kein schlechter Wert.

Das elektromagnetische Cotal-Getriebe war damals eine echte Innovation, allerdings auch ziemlich komplex. Die Kupplung wird nur zum Einlegen des ersten Ganges benötigt. Ein leichter Druck auf ein Hebelchen am Lenkrad, und die Kupplung packt; die übrigen Gänge werden dann elektrisch gewechselt. Das Getriebe hat vier Gänge, und rückwärts stehen die gleichen Übersetzungen zur Verfügung. Ein Schalter unter dem Armaturenbrett aktiviert das Wechselgetriebe in Richtung retour.

Auf der Straße zeigt sich das Schmuckstück dank der vorderen Einzelradaufhängung, die viele Unebenheiten schluckt, von seiner besten Seite. Dank des Cotal-Getriebes werden die Gänge mühelos gewechselt, was aber angesichts der unglaublichen Elastizität des Motors nur selten notwendig ist. Der Motor muss sich daher nie mit hohen Drehzahlen quälen. Kunststück: Seine Höchstgeschwindigkeit erreicht der Wagen bei gelassenen 3800 Umdrehungen. Die Bremsen allerdings verlangen ein gewisses Gespür. Sie reagieren eher langsam, und man sollte sie nicht über Gebühr beanspruchen.

Der Delahaye 135 vom Salon de Paris 1936, Série Geo Ham, ist längst ein rüstiger Mittsiebziger, doch sein Design bleibt großartig und zeitlos. Im Jahr 2008 sicherte sich der Wagen beim Concours Cartier den Titel „Best of Show", was den Maharadscha noch einmal bestärkte, sich nie von seinem einst ungeliebten „roten Panzer" zu trennen. „Ich bin sicher, dass der Delahaye mindestens noch für die beiden folgenden Generationen in der Familie bleiben wird. Mein Sohn wird ihn ebenso behalten wie sein Sohn. Dieses Automobil ist ein echter Familienschatz."

IM KÖNIGREICH

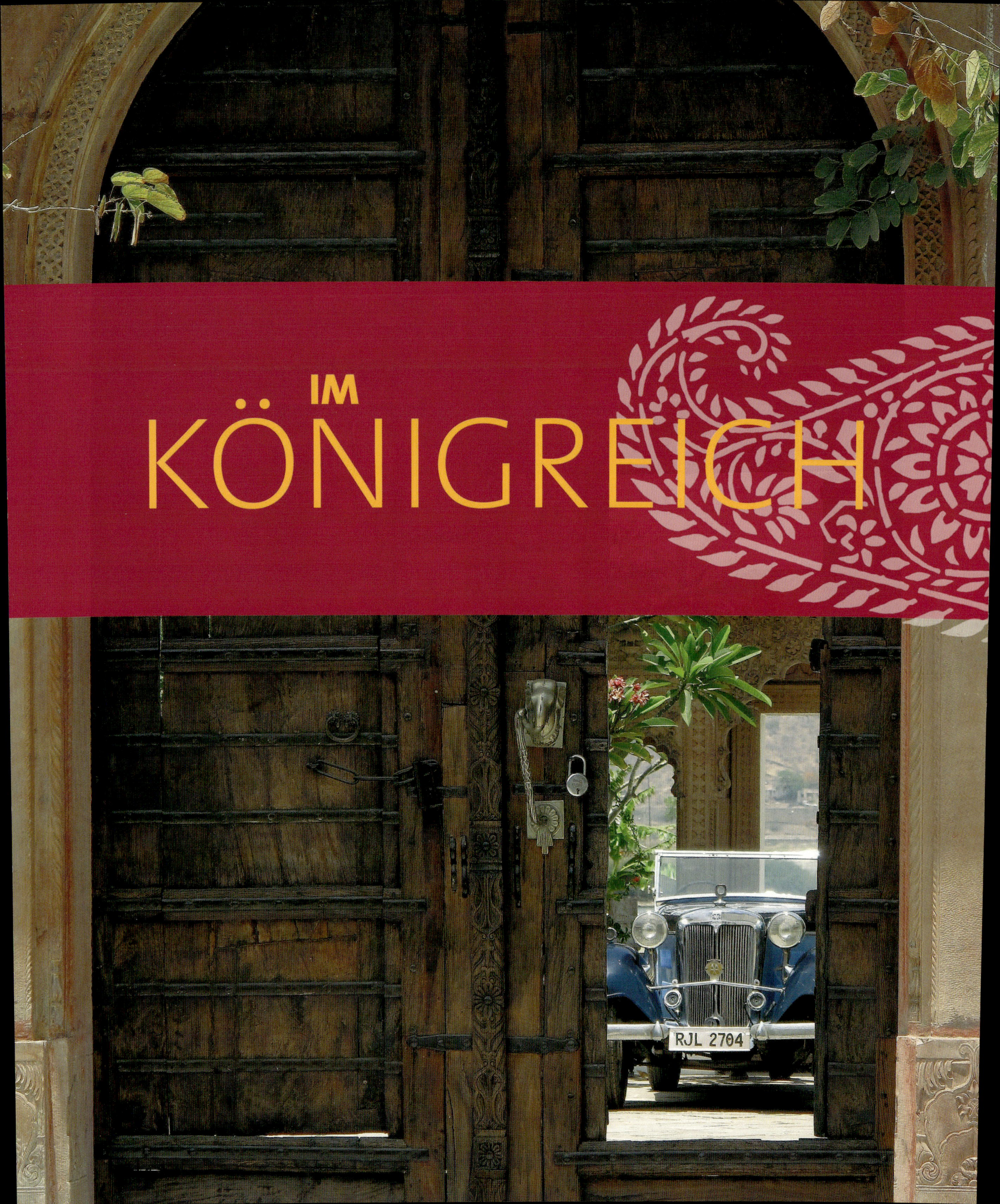

DER SAMMLER

Latin Lover

Man stelle sich einen 17-jährigen vor, der zum ersten Mal in seinem Leben in ein weit entferntes Land reist. Roberto Niedda heißt der einst junge Mann, der seine ersten Eindrücke von Indien bis heute nicht vergessen hat. An seinem ersten Morgen in Delhi stand er am Hotelfenster, blickte hinaus und wusste, dass er längst noch nicht so weit war, sich auf die Straße zu wagen. Erst drei Tage später hatte er den Mut, das Chaos zu erforschen. Heute kann er mit dem Chaos glänzend umgehen.

Bevor er seine aufregende Reise auf den Subkontinent antrat, hatte er sich in seiner Heimatstadt Cagliari auf Sardinien in die alten Möbel und die Objekte verliebt, die seine Schwester für ihr Antiquitätengeschäft importierte. Das sollte eine Erfahrung sein, die sein Leben veränderte. Die Vorstellung, die Welt auf der Suche nach Altertümern zu durchstreifen, gefiel ihm sehr, und so verbrachte er einige Jahre mit Reisen durch zahlreiche asiatische Länder. Sie führten ihn nach Bali, nach Thailand, nach Japan und eben nach Indien – stets auf der Suche nach Schätzen für sein Geschäft in New York und zwei weitere Läden in der Karibik. Doch es waren die Architektur und der Charme Indiens, die ihn in den Bann zogen, sodass er Jahr auf Jahr zurückkehrte, bis er sich 1993 entschied, einfach zu bleiben.

Seine Frau Cathy erinnert sich an einen jungen und heißblütigen Mann, der voller Energie war und ständig nach Kunstwerken und nach einem guten Geschäft suchte. Diese Neugier und diese Lebensfreude gefielen Cathy. „Wir waren damals 1993 beide nach Jodhpur gezogen, ohne einander zu kennen. Wir haben zehn Häuser entfernt von einander gewohnt, bis wir uns nach einem Jahr endlich kennenlernten."

Die Kanadierin Cathy beschloss, ihre Heimatstadt Montreal in Richtung Jodhpur verlassen. Ihre Eltern waren nicht sehr begeistert darüber, dass ihre Tochter gleich den Kontinent wechselte. „Zum ersten Mal in Indien war ich 1988 während einer Asienreise nach meinem Uniabschluss. Ich wusste, dass ich wiederkommen würde. Nach meiner Rückkehr arbeitete ich in Kanada für ein Bekleidungsunternehmen, dass die meisten seiner Produkte aus Indien importierte", erzählt Cathy. Nachdem sie fünf Jahre lang in der Einkaufsabteilung gearbeitet hatte, wagte sie sich in die Selbstständigkeit und zog nach Jodhpur.

1994 beschlossen Roberto und Cathy, sich zusammenzutun und gemeinsam zu arbeiten. Jodhpur war damals in vollem Aufschwung und im Begriff, Indiens Haupt-

Chevrolet Fleetmaster aus dem Jahr 1947. (© Makarand Baokar)

RJI 325

Die Armaturentafel des Chevrolet, der heute regelmäßig von der Familie eingesetzt wird.
(© Makarand Baokar)

stadt des Handwerks und der antiken Möbel zu werden. Aus aller Welt kamen die Einkäufer, und die eher verschlafene alte Stadt erwachte zu neuem Leben. Roberto und Cathy waren bereit, sich den Herausforderungen zu stellen.

Bald konzentrierte sich Robertos Begeisterung nicht mehr nur auf antike Kunstobjekte. Vielmehr entdeckte er seine Passion für andere, für rollende Antiquitäten. Sein erstes Objekt der Begierde war ein Chevrolet Fleetmaster, Baujahr 1947, den er 1995 kaufte. Der Wagen stand verlassen in einem Dorf im Distrikt Churu im Norden Rajasthans. Die Geschichte des Wagens ist unbekannt. Die Fleetmaster wurden in einer 1928 errichteten Fabrik in Mumbai montiert. Bei Robertos Wagen handelt es um einen Rechtslenker, also ist er vermutlich auch im Land aus importierten US-Teilen gebaut worden.

Nach dem Krieges begann zögernd wieder die Produktion von zivilen Personenwagen. Indische Chevys rollten erst 1947 wieder vom Band. Bei denen der beiden ersten Nachkriegsbaujahre handelte es sich vor allem um leicht veränderte 1942er Modelle. Damals hatten die Wagen die bis in die Türen verlängerten Kotflügel, wie sie den etwas teureren Modellen von GM üblich waren. Dazu kam ein etwas moderner und schlichterer Kühlergrill. Die etwas günstigeren Modelle hießen Stylemaster, die besseren Fleetmaster.

General Motors bot in Indien den Fleetmaster ausschließlich als viertürige Limousine an. Angetrieben wurde der Chevy von einem Reihen-Sechszylinder mit 3548 ccm und relativ bescheidenen 90 PS, was für den Andert-halb-Tonner mit Leiterrahmen nicht übertrieben viel Leistung war. Allerdings ließ es sich im Fleetmaster bequem reisen, und im höchsten der drei Gänge ist sanftes Gleiten die bevorzugte Art der Fortbewegung.

Erst mussten Cathy und Roberto Nieddu aber eine Zeitlang warten, bis sie die Qualitäten ihrer Neuerwerbung testen konnten. Als das Fahrzeug in Jodhpur eintraf, war es ein Wrack. Roberto und seine Truppe Mechaniker und Klempner verbrachten rund ein Jahr mit der Restaurierung, wobei sie sich ständig bemühten, die Originalteile so weit wie möglich zu erhalten, um den Chevrolet wieder in seinen Originalzustand zu versetzen. Robert und Cathy wählten auch die zweifarbige Lackierung in Altweiß

Roberto Nieddu, seine Frau Cathy und ihre Tochter Bianca vor ihrem Heim und einem sehr gut restaurierten Studebaker Six aus dem Jahr 1931. (© Makarand Baokar)

und Blau, die zu Zeiten des Fleetmasters durchaus üblich war, um dem Wagen seine ursprüngliche Eleganz zurückzugeben. Von den 91.440 Fleetmaster-Modellen, die 1947 hergestellt wurden, entstanden wahrscheinlich nur wenige Exemplare in Indien. Einige sind bis heute erhalten, und wenn sich auch viele Sammlungen mit Fleetmaster-Versionen schmücken, so ist die Limousine der Nieddus ein besonders sehenswertes Exemplar.

Der Chevy war ein klassischer Chauffeurwagen, was sich allein an der komfortablen und großzügigen Sitzbank im Fond zeigt. Die dritte Seitenscheibe in der Form eines Tropfens folgt den Formen der Limousine und gibt ihr den einmaligen Auftritt. Die typischen Bakelitschalter sind hervorragend gearbeitet.

Mit dem Chevy hatte sich Roberto mit dem Sammlervirus infiziert, und in den folgenden Jahren rollten acht weitere historische Modelle in seine Sammlung. Das älteste Exemplar ist ein Studebaker von 1931. Zur Sammlung gehören auch ein Austin 8, ein Vauxhall, ein weiterer Fleetmaster und ein Ford. Die Aufmerksamkeit, mit der sich Roberto den Details widmet, grenzt schon an Besessenheit. Er kann Stunden im Internet verbringen, bevor er sich an die Restaurierung wagt. „Mein Mann achtet besonders darauf, dass die Farben möglichst genau zu jener Epoche passen, aus der die Wagen stammen“, erklärt Cathy.

Der Studebaker, der einst im Fuhrpark der königlichen Familie von Bikaner stand, hatte eine sandfarbene Lackierung, als er bei den Nieddus eintraf. Angetrieben wurde der Wagen von einem Sechszylinder mit 3363 ccm und 70 PS. Der Studebaker Six war die Basisversion der Baureihe, die mit einigen Versionen in luxuriösere Sphären reichte, wobei die bessere seltsamerweise auf den Namen „Dictator“ hörte. Daneben gab es einen „Commander“ als Sechs- oder Achtzylinder. Der „President“ am obersten Ende der Baureihe wurde ausschließlich als Achtzylinder gebaut. Der aus dem Jahr 1931 stammende Six gehörte zur Serie 54, besaß einen V-förmigen Kühler und runde Scheinwerfer. Die luxuriöseren Modelle waren auf Anhieb an ihren ovalen Scheinwerfern zu erkennen.

Offenbar ist der Wagen für Jagdausflüge eingesetzt worden, transportierte aber eher die weitere Begleitung der Gesellschaft, die

Die Instrumententafel des Studebaker. (© Makarand Baokar)

standesgemäß wohl eher im eigens präparierten Jagd-Rolls-Royce oder etwas Gleichwertigem saß. So verfügt der Studebaker weder über Suchscheinwerfer noch über Flintenhalter.

Die Nieddus änderten die Lackierung in eine Mischung aus Kastanienbraun und Schwarz, wie sie in dieser Epoche gerne gewählt wurde, was dem Studebaker einen sehr eleganten Auftritt verleiht.

Das jüngste Sammelobjekt ist ein Chevrolet-Cabriolet aus dem Jahr 1936. Vor allem Ehefrau Cathy ist hingerissen von der Neuerwerbung. „Ich liebe die Originalfarbe, ein sehr schönes Türkis, und der lässige Stil macht Laune, an einem sonnigen Sonntagnachmittag eine lange Ausfahrt mit dem Wagen zu unternehmen."

Im Jahr 2008 kam außerdem ein Mercedes 200D aus dem Baujahr 1966 dazu. Den Wagen hat Roberto bei einem Händler in Jaipur entdeckt, der festgestellt hatte, dass der Mercedes auf den Palast von Rambagh zugelassen war, in dem damals der Maharadscha von Jaipur residierte. Inzwischen wurde der Palast in ein Fünf-Sterne-Hotel verwandelt. Offenbar wurde der Wagen Ende der 1960er Jahre von der Maharani Gajatra, Frau des letzten Maharadscha von Jaipur, benutzt. Heute ist er Robertos Alltagsauto, der den Benz allen anderen modernen Modellen vorzieht. Wenn sie aber Verwandte und Freunde überraschen wollen, fahren die Nieddus am Flughafen gerne mit dem Fleetmaster vor. Für die Fahrt in die Stadt wartet im Fond eine Flasche eiskalter Champagner auf die gerade Eingetroffenen. So wird die lange Fahrt nach Jodhpur durchaus angenehm.

Der Studebaker kommt hingegen zum Einsatz, wenn die Familie zu besonderen Veranstaltungen eingeladen ist und dort stilvoll vorfahren will. Der Oldtimer-Virus hat offensichtlich auch den Nachwuchs der Familie erfasst. „Unsere Tochter Bianca liebt es, im offenen Wagen von ihrem italienischen Chauffeur zu Geburtstagsfeiern gefahren zu werden", erzählt Cathy. „Wie viele Kinder können das schon von sich behaupten?"

Neben den Automobilen stellt ein außergewöhnliches Haveli (ein antikes Gemäuer) am Rand von Jodhpur die bedeutendste Anschaffung der Familie dar. Das Haveli von Sukh Sagar entstand Ende des 19. Jahrhundert und war vom damaligen Premierminister des Staates Jodhpur in Auftrag gegeben worden. Bis zum Verkauf an die Nieddus im Jahr 2001 war das Gebäude in Familienbesitz. Das Anwesen war nie richtig bewohnt worden und diente dem Minister meistens als Ort für Empfänge. Die den Frauen vorbehaltenen Zimmer in der ersten Etage sind mit den so genannten Jharokas ausgestattet – Balkons, von denen aus die Frauen, ohne gesehen zu werden, das Geschehen verfolgen konnten. Erbaut aus dem Sandstein der Region um Jodhpur bietet der Bau eine interessante Stilmischung aus Mogul- und Hinduarchitektur.

Die Nieddus wollen die Tradition der Gastfreundschaft weiterführen und ihre Freunde und Bekannten mit Empfängen die Vergangenheit genießen lassen. Auf dem Gelände befinden sich noch weitere Gebäude, die nach und nach restauriert werden sollen. Schließlich braucht die Automobilsammlung Platz.

Der Studebaker aus dem Jahr 1931 ist das älteste Modell der Sammlung. (© Makarand Baokar)

Aus alt wird neu

Auf einem Hügel gelegen, scheint der Palast dort immer schon dort über die ihn umgebende Landschaft gewacht zu haben. Beim Blick auf die Fotos glaubt man, ein mehrere Jahrhunderte altes Schloss zu erblicken, was auch zutrifft – und dann doch wieder nicht. Klingt verwirrend, und das ist es in einem gewissen Maß auch. Tatsächlich stammen viele der Steine und Säulen aus dem Jahr 1882. Andere Teile des Baus aber sind neu, wobei diese Mischung heute nicht ungewöhnlich ist. Viele alte Paläste und Festungen werden ständig erneuert, einzelne Teile werden ausgetauscht oder angebaut.

Was viel ungewöhnlicher ist: Während der meisten der vergangenen 120 Jahre stand der Palast etwa 150 Kilometer entfernt von jenem Ort unweit der historischen Stadt Udaipur, an dem er heute steht. In den letzten Jahren vor dem Umzug dämmerte der Bau in einem abgelegenen Dorf in der Nähe von Neemuch an der Grenze zwischen Rajasthan und Madhya Pradesh dem endgültigen Verfall entgegen. Das Dorf Dharia Kalan und die Region gehören zu den rückständigen Gegenden Indiens, und daher kümmerte sich niemand um den alten Palast, der längst unbewohnt und von der Geschichte vergessen war. Doch dann kam Jitendra Rathore und erkannte das Potenzial der Ruine, die er in drei Jahren komplett abtragen ließ, wobei jedes Teil eine Nummer bekam, um danach in einem gigantischen dreidimensionalen Puzzle wieder zusammengesetzt zu werden. So entstand ein Neubau aus alten, historischen Steinen, der über alle modernen Annehmlichkeiten verfügt.

Der Palast, der nach uralten hinduistischen Architektur-Prinzipien angelegt wurde, die mindestens 3000 Jahre alt sind, wurde in ein Luxushotel mit 51 Suiten verwandelt. Wobei die Zahl 51 nicht zufällig gewählt wurde, sondern vielmehr die 51 Prinzipien der vedischen Philosophie widerspiegelt. Der Entwurf entspricht Vaastu, traditionellen hinduistischen Regeln für den Bau und die Anlage von Häusern. Der Palast wurde auf der Fläche von 51 Bigha, eine indische Maßeinheit, angelegt und umfasst riesige Treppen, die ebenfalls einem strengen Rhythmus folgen, einen Tempel, einen Baradari, das ist ein offener Pavillon mit zwölf Bögen, einen Springbrunnen sowie Terrassen und Höfe, die der Anlage viel Raum, Licht und Luft verschaffen.

Fateh Garh – Festung des Siegs in der Sprache Rajasthans – ist die neue touristische Attraktion der Region und das Werk von Jitendra Rathore, auf dessen Konto auch die Anlage von Fateh Bagh geht, die Rathore

Der Palast von Fateh Garh ist eine gelungene Verbindung von alt und neu. (Sammlung Jitendra Rathore)

Jitendra Rathore und seine Frau Gayatri. (© Makarand Baokar, Sammlung Jitendra Rathore)

vor einiger Zeit im nicht weit entfernten Ranakpur an den Start gebracht. Die beiden Hotels stehen gleichzeitig für eine neue Ausrichtung in der Architektur, der „Wiedergeburt der Denkmäler".

Als Abkömmling einer Familie, deren Mantel-und-Degen-Auftritte zum Legendenschatz Rajasthans gehören, schreibt Jitendra Rathore die Geschichte seiner Vorfahren fort. Die Rathores gehörten zum Hof des Maharana von Udaipur und kamen zu Ruhm, als das Familienoberhaupt Anand Singh mutig gegen die Armee des Mogulkaisers Aurangzeb kämpfte und dabei sein Leben opferte ohne zu wissen, dass der Maharana Radj Singhji sich längst mit seinem Feind verständigt hatte. Aurangzeb war derart von diesem ebenso hervorragenden wie sinnlosen Mut beeindruckt, dass er ihn mit einem Prachtgrab ehrte, das die Stürme der Zeit überdauerte.

Seit dieser Zeit spielt die Familie Rathore am Hof des Maharana eine wichtige Rolle. Kein Wunder, dass Jitendra Rathore heute beim aktuellen Maharana Arvind Singh Mewar als Generaldirektor der Hotelgruppe HRH des Fürsten angestellt ist und für die Expansion der Kette zuständig ist.

Nachdem er ausreichend Erfahrung bei der Restaurierung und dem Umbau alter Gebäude in moderne Hotels gesammelt hatte, beschloss Jitendra Rathore, sich auf eigene Füße zu stellen. Zwar ist er nach wie vor Berater der HRH-Gruppe, doch daneben baute er seine eigene Hotelkette auf. Den Auftakt machte das Ram Pratap Palace, ein

Von oben die Fahrzeuge von Rathore: das von einem Studebaker-Motor angetriebene Amphibien-Fahrzeug, ein Ford-Jeep aus dem Zweiten Weltkrieg und eine antike Kutsche. Auf der rechten Seite (von oben): Chevrolet und Dodge im Einsatz für das Hotel Taj Lake Palace, ein Daimler DB18 und das Triumph-Motorrad. (© Makarand Baokar)

ehemaliges Wohnhaus in der Stadt Udaipur, das zu einem prachtvollen Hotel wurde. Und dann kam Fateh Garh, das Jitendra selbst erdachte. Unterstützt wird er bei seinen Aktivitäten von seiner Frau Gayatri, die ihrem Mann vor allem bei der Innenarchitektur hilft. Sie leben heute in der Anlage, was dem Hotel eine persönliche und familiäre Atmosphäre verleiht.

Neben der Leidenschaft für die Restaurierung alter Gebäude mit historischem Charakter steht bei Jitendra Rathore die Passion für klassische Automobile. Allerdings interessieren ihn weniger die teuren und besonders begehrten Raritäten. Ihn locken vor allem außergewöhnliche Fahrzeuge, die er für wenig Geld ersteht, die zum Teil aufwändig restauriert werden müssen. Sie alle aber haben ihn allein mit ihrem Charme überzeugt.

Das erste Auto, dass er auf diese Weise aufgabelte, ist heute das älteste Exemplar seiner bescheidenen Sammlung: ein Ford Modell A aus dem Jahr 1929, der im HRH-Hotel Fateh Bagh in Ranakpur steht. Kurz darauf folgte ein MG PA von 1935. Der PA wurde von 1934 bis 1936 gebaut und war ein aufgewerteter Midget, der damals den Trend zu kleinen bezahlbaren Sportwagen begründete. Angetrieben von einem kleinen Vierzylinder mit 898 ccm aus dem Midget, kam der PA auf 36 PS – immerhin sechs mehr als im Basismodell. In nur drei Jahren entstanden 1973 Exemplare des Sportflitzers, was ihn zum erfolgreichsten MG der Vorkriegszeit machte. Allerdings haben nur wenige Exemplare bis heute überlebt.

Rathore fand seinen PA (Nummer 1777) in einem bedauernswerten Zustand. Inzwischen sind zwar die Karosserie und das Interieur wieder aufgemöbelt worden, doch wartet die Mechanik auf eine gründliche Überholung, bevor der Flitzer wieder zurück auf die Straße darf. Bis dahin parkt er neben dem wuchtigen Portal von Fateh Garh. Mit seiner tiefschwarzen Lackierung und seinen roten Leder-Polstern versteht er es, die Besucher des Palastes zu beeindrucken.

Aus der gleichen Epoche stammen ein Dodge und zwei Sechszylinder-Chevrolets, von denen einer (blau und silberfarben lackiert) aus dem Besitz der Maharana-Familie stammt und einem Tempel geschenkt wurde – damals eine gängige Geste – und der von den Geistlichen an einen Adeligen aus Udaipur verkauft wurde. Von ihm erwarb Jitendra Rathore den Wagen im Jahr 2002. Der vollständig erhaltene Chevrolet benötigte kaum Ersatzteile. Seine Lackierung entspricht nicht dem Originalzustand und gefällt auch dem neuen Besitzer nicht besonders. Nachdem der Wagen instand gesetzt worden war, wurde er an die Hotelgruppe Taj verliehen, die ihn für den Transport der Gäste zwischen Lake Hotel und Flughafen und für Stadtrundfahrten einsetzt.

Um den Dodge „stadtfein“ zu machen, der für die gleichen Dienste wie der Chevrolet eingesetzt wird, spendierte ihm Rathore eine Lackierung in Crème und Grün. Sowohl der Dodge als auch die beiden Chevrolets befinden sich technisch weitestgehend im Originalzustand. Allerdings haben sie heute

Der MG PA aus dem Jahr 1935 vor dem Palast Fateh Gar. (© Makarand Baokar)

Zwölf-Volt-Elektrik und Klimaanlagen für die verwöhnten Fahrgäste.

Zum Fuhrpark gehört auch ein Daimler DB8 aus dem Jahr 1938. Die Limousine stand in der Garage eines der Nabobs von Hyderabad und wird von einem Sechszylinder mit 2522 ccm angetrieben, der die Kraft an ein Viergang-Vorwahlgetriebe aus dem Hause Wilson abgibt. Der Viertürer ist weitgehend serienmäßig erhalten, besitzt aber ein Schiebedach – für das Baujahr eine Besonderheit. Rathores automobiler Favorit ist sein Jaguar Mk VII aus dem 1951, der ursprünglich einem reichen Mann in Coimbatore gehörte. Zweiter Besitzer war ein gewisser P. C. Alexander, hoher Beamter in der Regierung von Indira Ghandi. Rathore kaufte den Daimler 2007. Obwohl er sich äußerlich in sehr gutem Zustand befand, musste die Mechanik gründlich überarbeitet und vor allem der Tank gereinigt werden, weil der Wagen einige Jahre aufgebockt in der Garage gestanden hatte. Doch nach einigen kleinen Arbeiten an der Karosserie und einem Schuss cremefarbenen Lacks kehrte der Wagen wieder auf die Straße zurück.

Die größte Rarität in der Rathore-Sammlung ist ein Standard Avon aus dem Jahr 1932. Das Unternehmen Avon im englischen Warwick war 1919 von Alfred Tilt und Captain Philips gegründet worden. Nach einigen Besitzerwechseln wurde aus der Firma 1922 Avon Body Co. Ltd, und das erste Modell wurde der „Jensen Special No. 1", den die Brüder Alan und Richard Jensen entworfen hatten. Der Wagen war dem Austin Seven Chummy nachempfunden. Avon

forderte die Brüder sofort auf, ein ähnliches Automobil für Standard zu entwerfen, dessen Produktion 1929 begann.

Im Jahr 1932 endete die Zusammenarbeit der Brüder mit Avon, nachdem die beiden zu Patrick Motors in Birmingham gewechselt waren, um dort den Bourneback Special zu produzieren. Die viertürige Limousine basierte auf dem Fahrgestell des Standard Little Twelve. Avon stellte Charles Fredrick Beauvais als Designer an, der eine Serie mit ausgesprochen ausgefallenem Design und sanft fließenden Linien entwarf.

Phil Homer, Vorsitzender des Standard Motor Club, ist sicher, dass Rathores Avon auf dem Fahrgestell eines Standard Big Twelve aufgebaut wurde. In diesem Fall hätte er mit einem Reihensechszylinder mit 1497 ccm (60 mm x 87 mm) und Seitenven-

Der Chevrolet steht den Gästen des Hotels Lake Palace zur Verfügung. (© Makarand Baokar)

Mit Oldtimer-Kennzeichen: Der Dodge des Lake Palace. (© Makarand Baokar)

tilen sowie einem Vierganggetriebe ausgerüstet sein müssen. Avon-Experte Peter Lee sah die Dinge freilich anders, nachdem er die Fahrgestellnummer und andere Details untersucht hatte. Seiner Ansicht nach sorgt in Rathores Avon ein Sechszylinder aus dem Standard Little Twelve mit 1337 ccm für Vortrieb. Laut Lee passt die Nummer im Motorblock (MC 10163) zu einem Little Twelve.

Als Vier- wie als Zweisitzer besaß der Avon einen Radstand von 2,57 und eine Spurweite von 1,27 Metern. Der Avon von Rathore ist ein elegantes und wohlproportioniertes Cabriolet und äußerst selten. Nach Lees Recherchen existieren noch zwei ähnliche Modelle in den Niederlanden. Interessanterweise finden sich ausgerechnet von diesem seltenen Typ noch zwei weitere auf dem Subkontinent. Einer ist ein wesentlich größerer Sechszylinder, und er wird weiter hinten im Buch vorgestellt, der zweite ein kleiner Vierzylinder.

Rathore hat außerdem eine Vorliebe für Militärmodelle und Allradler entwickelt. Neben einem Ford-Jeep aus dem Jahr 1942 besitzt er einen Kaiser-Jeep von 1959 und einen Toyota Land Cruiser aus dem Jahr 1960. Das ungewöhnlichste Gefährt seiner Sammlung ist zweifellos ein gepanzerter Amphibien-Truppentransporter aus dem Zweiten Weltkrieg, der von einem Studebaker-Sechszylinder angetrieben wird. Das Kettenmonster entspricht technisch den gepanzerten Weasel-Fahrzeugen, die während des Zweiten Weltkriegs bei Studebaker entstanden. Rathore plant eine Restaurierung, um mit dem Vehikel fahren zu können. Sollte das irgendwann einmal der Fall sein, wird er ohne jeden Zweifel der ungekrönte König der indischen Straßen sein.

Der Jaguar Mk VII
wurde nur leicht
restauriert.
(© Makarand Baokar)

JAG51

Extrem selten und sehr schick: Der Standard Avon Little Twelve von Jitendra Rathore. (© Makarand Baokar)

RJL 2704

Der MG Magna aus dem Jahr 1931. (© Marzia Gandini)

Die Spuren der Vergangenheit

Im Zweiten Weltkriegs kam die Produktion ziviler Personenautos weltweit praktisch zum Erliegen. Der Vorrat an Neuwagen schmolz wie Schnee unter der Sonne. In Indien begannen die Behörden der britischen Kolonialmacht, Privatwagen zu beschlagnahmen. Allerdings hatte die Verwaltung die Rechnung ohne eine ältere und sehr respektierte reiche Dame gemacht. Sie gehörte einer wohlhabenden Kaufmanns-Familie in Ahmedabad im heutigen Gujarat an und beschloss, sich nicht den Anweisungen der Briten zu beugen. Tatsächlich hatte die Familie gerade einen Packard 110 gekauft, der vor allem für die Matriarchin gedacht war, und es erschien absolut unvorstellbar, sich von dem Wagen zu trennen. Die britischen Behörden drohten der Familie mit dem Entzug aller Privilegien einschließlich Titel und Status und mit weiteren nicht genau definierten Vergeltungsmaßnahmen. Darauf informierte die ältere Dame die Briten formvollendet, dass sie den Wagen verschrottet habe.

Die Wahrheit sah natürlich ganz anders aus. Tatsächlich war der Packard in einer der zahlreichen Textilfabriken versteckt worden, die zum Imperium der Familie gehörten. Dort blieb die Limousine bis zum Kriegsende und Indiens Unabhängigkeit. Im Laufe der Jahre wurde der Packard in Ahmedabad zu einer Legende. Mit großem Pomp wurde er 1947 wieder in Betrieb genommen, was vor allem den Enkel unserer Heldin beeindruckte. Pranlal Bhogilal war damals gerade zehn Jahre alt, und es ist nicht wirklich überraschend, dass dieses Automobil zu einem seiner Lieblingsmodelle wurde. Mit ihm wurde er nicht nur zur Schule gefahren, der Packard löste bei ihm auch einen bis heute nicht zu unterdrückenden Sammlertrieb aus.

Mit der Unabhängigkeit Indiens und der Integration der Fürstentümer in die indische Union erlebten die Rajas und Maharadschas eine dramatische Verringerung ihrer Einnahmen. Im Jahr 1956 wechselte die Steuerhoheit mit der Abschaffung des feudalen Systems in die Verantwortung der Bundesregierung. Damit nicht genug, versiegte 1971 mit der Abschaffung der als Entschädigung gezahlten „Privy Purses“ die letzte staatlich Geldquelle, sodass die Fürsten keine Rupie mehr von Delhi erwarten konnten. In der Tat waren die Subventionen als Ausgleich für die Integration der Staaten in die indische Union ziemlich großzügig gewesen. Zwei Jahre

Pranlal Bhogilal ist der bekannteste Autosammler Indiens. (© Makarand Baokar)

In der Garage des Palastes von Bhogilal finden rund 20 Klassiker Platz. Der Reihe nach stehen hier ein Packard, ein Studebaker, zwei Rolls-Royce, ein Buick und ein Lancia Lambda. (© Makarand Baokar)

Im Automobilmuseum von Kathwanda stehen auch klassische Kutschen und Ochsenkarren. (© Makarand Baokar)

später folgte der nächste Schlag gegen die einstmals mächtigen und unermesslich reichen Fürsten. Mit dem „Land Ceiling Act" wurde der Grundbesitz der Fürstenfamilien begrenzt, sodass von der einstigen Herrlichkeit nicht mehr viel übrig blieb. Mit den eigenen Einnahmen konnten sie ihren üppigen Lebensstil nicht mehr finanzieren, und sie begannen, sich von ihren Besitztümern zu trennen.

Da betrat Pranlal Bhogilal im richtigen Moment die Bühne. Bereits Anfang der 1950er Jahre hatte der jugendliche Bhogilal früher als andere begriffen, welchen Wert die Kunstwerke, Antiquitäten, Schmuckstücke und Automobile der Fürstenfamilien besaßen und sie aufgekauft. Damals war die Nachfrage nach Luxus-Automobilen sehr überschaubar, sodass Bhogilal die meisten Exemplare für wenig Geld übernehmen konnte. Bereits in den 1970er Jahren besaß er daher eine außerordentliche Sammlung von allem, was der Markt hergab. Doch sein größter Stolz galt seiner Autokollektion – die bedeutendste in Indien.

Bhogilal wird sehr zurückhaltend, wenn es um konkrete Zahlen geht: Angeblich stehen in seinen Garagen mehr als 200 Wagen,

Ein Buick Super aus dem Jahr 1947. (© Marzia Gandini)

Das Museum besitzt eine beeindruckende Rolls-Royce-Sammlung. (© Makarand Baokar)

mitunter ist von 240 die Rede. Bhogilal hat niemals eines seiner Sammlerstücke verkauft, sondern höchstens das eine oder andere an Freunde oder Verwandte verschenkt. Je berühmter seine Sammlung wurde, desto mehr Zeitgenossen wollten ihm ihre Wagen schenken, weil sie meinten, dass ihre Schmuckstücke bei dem Sammler in den besten Händen seien. „Solange mein Automobil nicht einen Unterschlupf auf Marmor und inmitten von Rolls-Royce findet, solange findet meine Seele keine Ruhe", zitiert Bhogilal eine ältere Dame. Und: „Sie bestand darauf, dass ich ihren Wagen nehmen musste. Bei solchen Argumenten fällt es schwer, nein zu sagen."
Bhogilal gründete den Vintage and Classic Car Club of India (VCCCI). Zudem unternahm er etwas dagegen, dass sich Sammler aus dem Ausland außergewöhnliche und rare Autos kauften und außer Landes brachten. Bhogilal gelang es schließlich 1970, Indira Gandhi davon zu überzeugen, den Export von Automobilen zu verbieten, die vor 1950 hergestellt worden waren. Diese Modelle wurden so zu einem „nationalen indischen Denkmal" befördert. Mit der Eröffnung von „Autoworld" vor einigen Jahren verwirklichte der Mann einen seiner Träume. Das Museum befindet sich am Rand von Ahmedabad in Kathwanda. Der Sammlung stehen dort immerhin 890 Hektar zur Verfügung, wo die Automobile umgeben von gepflegten Parkanlagen samt Springbrunnen und Skulpturen ihren ganzen Charme entfalten können. Dastan, so heißt dieser idyllische Ort, ist nicht nur

Pranlal Bhogilal in seinem Palast und ein Gemälde seiner Tochter Chamundeshwari. (© Makarand Baokar)

Zwei Rolls-Royce von Dutzenden aus der Sammlung Bhogilal: Phantom I (Fahrgestellnummer 80EF) aus dem Jahr 1926 und ein 20/25 HP (GXB71) von 1934. (© Makarand Baokar)

Unten: Der Daimler DE27 aus dem Jahr 1947 stand ursprünglich in der Garage des Maharadschas von Nawanagar. Die Karosserie stammt von Hooper. (© Makarand Baokar)

Dieser Daimler des Maharadschas von Nawanagar wurde von Charlesworth karossiert und besitzt eine ausgefallene Kühlerfigur. (© Marzia Gandini)

für Automobil-Liebhaber ein begeisternder und auf seine Weise verzaubernder Ort. In Kathwada wartet der wichtigste Teil der Sammlung auf die Besucher. In Zahlen ausgedrückt sind das 105 Automobile, einige Motorräder, mehrere Kutschen und zwei traditionelle Ochsenkarren. Doch die Sammlung Bhogilal hat nicht nur hier eine Heimat gefunden. Ungefähr 25 Fahrzeuge stehen in den Garagen des Palastes Dashiana in Ahmedabad, weitere warten in den Garagen seiner Villa Daskot, in der er sich die meiste Zeit aufhält, auf den Einsatz. Wie es sich gehört, liegt die Villa in Malabar Hill, dem vornehmsten Viertel von Mumbai. Weitere Modelle sind in Lagerhäusern in der Nähe von Werften in Bombay, Kalkutta, Kochin, Hyderabad und Trivandrum untergebracht, wo Boghilal das eine oder andere geschäftliche Interesse besitzt. Rein rechtlich gesehen befinden sich die Fahrzeuge nicht mehr in Bhogilals Besitz, sondern gehören einer Stiftung, die er allerdings verwaltet.

Die ältesten Modelle der Sammlung sind ein belgischer Minerva aus dem Jahr 1906 und ein im gleichen Jahr gebauter Mors. Unter den jüngeren Modellen befindet sich ein Siebener BMW aus der ersten Generation, den Bhogilal täglich benutzt. Auch die in Daskot (Bombay) abgestellten Exemplare, die zum großen Teil aus den 1940er, 1950er und 1960er Jahren stammen, werden ziemlich regelmäßig bewegt. In der Sammlung stehen alle nur denkbaren Modelle: Roadster, Limousinen mit handgefertigten oder in Serie gebauten Karosserien europäischer

Eine der Residenzen von Pranlal Bhogilal. (© Makarand Baokar)

oder amerikanischer Marken, von denen einige längst untergegangen sind. Zahlreiche Fahrzeuge sind noch immer im Originalzustand, und einige sind erstaunlich wenig gelaufen. Darunter ein Packard-Cabriolet 840 aus dem Jahr 1931, das einst zum Fuhrpark des Maharadschas von Radhanpur gehörte und bescheidene 900 Meilen, das sind weniger als 1500 Kilometer, auf dem Tacho hat. Einige Exemplare befanden sich in derart schlechtem Zustand, dass Bhogilal sie nach seinen Vorstellungen wiederaufbauen ließ. Diese liberale Auffassung wird von einigen Puristen nicht sonderlich geschätzt. Auch die Qualität der Restaurierungen ist nicht unumstritten, doch wurden die meisten Modelle restauriert, als der Import von Teilen noch nicht möglich war.

Angesichts der überwältigenden Vielfältigkeit der Sammlung fällt es fast leichter, die Marken aufzuzählen, die hier nicht vertreten sind. So muss Bhogilal zwar auf Duesenbergs verzichten, besitzt aber einen Cord 810 und zwei Auburn, einen V12 aus Hyderabad und einen Speedster 851. Französischer automobiler Luxus ist nur mit einem Modell, einem Cabriolet Hotchkiss Type 686 aus dem Jahr 1941 vertreten, das einst den Fuhrpark der königlichen Familie von Nandgaon schmückte. Zu den exklusiven Exemplaren zählen ein Hispano-Suiza und ein sehr seltener Mors. Dafür müssen die Besucher auf französische Luxusmarken wie Bugatti, Delahaye, Delage und Talbot-Lago verzichten – zum großen Bedauern von Bhogilal, der ein großer Bewunderer der Arbeiten von Figoni & Falaschi und Saoutchik ist. „Weil

Der Lancia Dilambda (1931) stammt aus dem Fuhrpark des Maharadschas von Jetpur und besitzt eine Karosserie von Viotti.
(© Makarand Baokar)

Dieser seltene Auburn V12 wurde 1931 gebaut und stammt aus einer prinzlichen Garage in Hyderabad.
(© Makarand Baokar)

Diesen seltenen Auburn 851 entdeckte Bhogilal in Kalkutta. (© Makarand Baokar)

Der Cord 810 stammt aus dem Jahr 1936. (© Makarand Baokar)

In der Sammlung Bhogilal stehen nur wenige französische Modelle. Dieser Hotchkiss des Radschas von Nandgaon aus dem Jahr 1938 gehört zu den Raritäten des Museums. (© Makarand Baokar)

Dieser Packard 840 (Baujahr 1931) ist so gut wie neu. Lediglich 1500 Kilometer zeigt der Tachometer. (© Makarand Baokar)

man nichts importieren konnte, habe ich alles gekauft, was ich in Indien auftreiben konnte", erklärt Bhogilal. So stammen viele der Autos aus fürstlichen Fuhrparks. Bei vielen Exemplaren aber verliert sich die Herkunft im Dunkel der Geschichte. Dafür lassen sie sich heute noch dank Bhogilals Leidenschaft bewundern als Vertreter einer längst untergegangenen Epoche der indischen Geschichte. Bhogilal bewahrte sie vor dem Ende auf dem Schrottplatz, und dennoch sieht er sich selbst lediglich als vorübergehenden Beschützer: „Eine Speiche im Rad der Zeit", erklärt er ganz im hinduistischen Sinn, wonach sich die Zeit in Zyklen wiederholt. „Ich bin nichts anderes als ein Glied in der Kette der Besitzer dieser Fahrzeuge. Ihre wahren Besitzer sind ganz woanders."

Rechts: Der Packard wurde während des Zweiten Weltkriegs von Bhogilals Großmutter versteckt.
(© Makarand Baokar)

Zur Sammlung gehören auch der Minerva, der Mors, der Ford T und der Daimler (von vorn).
(© Makarand Baokar)

Zwei Ochsenkarren in Bhogilals Museum.
(© Makarand Baokar)

AMERICAN CARS
DO NOT TOUCH
NO SMOKING

110

Der Rolls-Royce aus dem Jahr 1923 gehörte einst dem Nabob von Hyderabad.
(© Marzia Gandini)

Rolls-Royce 20 HP, 1923

Der Rolls-Royce Phantom I aus dem Jahr 1926 (Fahrgestellnummer 71DC) mag das bekanntere Modell sein und steht heute im niederländischen Louwman-Museum. Doch der überaus reiche Premierminister von Hyderabad, Wali-du-Dowla, bevorzugte unter seinen Rolls vor allen anderen das Cabriolet 20 HP, das er 1923 orderte. Die auf dem Fahrgestell mit der Nummer 85K6 montierte Karosserie aus poliertem Aluminium stammt von Hooper. Das Exemplar des Premierministers gehörte zu den schönsten Fahrzeugen im Indien der Vorkriegszeit.

Der 20 HP blieb vermutlich bis 1932 in der Familie und wurde dann an den Mir (Fürst) von Khairpur verkauft. Von dort ging der Wagen an den Nabob Alam Yar Jung, seines Zeichens Justizminister von Hyderabad. Laut André Blaize, einem der Experten der Marke, wurde das Cabriolet im Jahr 1973 von dem berühmten Architekten Geoffrey Bawa aus Sri Lanka erworben. Bawa spielte am Ende des 20. Jahrhunderts vor allem in Südostasien eine bedeutende Rolle und war einer der führenden Vertreter des sogenannten „tropischen Modernismus", mit dem die Kultur der Zeit vor der Kolonialisierung und traditionelles Kunsthandwerk wieder in den Mittelpunkt drängten. Leider erfuhr der Architekt erst nachdem er den Kaufvertrag unterschrieben hatte, dass er sein Schmuckstück nicht ausführen durfte. Am Ende war Bhogilal der glückliche Käufer, der das Cabriolet in seine Sammlung integrierte.

Derselbe Rolls-Royce in den 1960er und 1970er Jahren. (Sammlung Suchandra Roy)

Das Cabriolet Rolls-Royce Twenty ist vollständig aus Aluminium gefertigt. (© Makarand Baokar)

Die Kuhglocke vor dem Kühlergrill des Hispano sollte Vieh warnen. Beim Klang einer Hupe wären Rindviecher in Panik geraten.
(© Makarand Baokar)

Hispano-Suiza H6C, 1927

Im Jahr 1933 ließ sich Jai Singh Prabhakar, Maharadscha von Alwar, in seiner Lieblingsstadt Paris nieder. Der frankophile indische Fürst stellte auch sicher, dass er niemals Geschäfte mit dem britischen Empire machen würde. Das hatte allerdings auch einen nachvollziehbaren Grund. Der Herrscher war von den Briten exiliert worden. Bis ans Ende seiner Tage durfte er nicht mehr in seine Heimat Alwar zurückkehren. Er hätte sein Exil auch irgendwo in Indien wählen können, doch führte ihn seine Abneigung gegen alles Britische nach Paris, wo er bis zu seinem Tod im Jahr 1937 lebte.

Prabhakar Bahadur, seine Hoheit Oberst Radj Rishi Shri Sawai Maharadscha Sir Jai Singh Veerenda Shiromani Dev Bharar Prabhakar Bahadur – was für ein Name – bestieg den Thron 1892 im Alter von zehn Jahren. Zunächst genoss er wegen seines Charmes, seiner Ausbildung und seiner Intelligenz einen guten Ruf, doch bald zeigte der Maharadscha seine grausame und verschwenderische Seite, praktizierte einen extremen Personenkult, regierte willkürlich und leerte die Kassen des Staates ganz nach seinen Bedürfnissen. Als die Briten Kontrolleure schickten, zeigte er sich von seiner charmanten Seite, um ihnen zu beweisen, dass die Lebensbedingungen in Alwar bestens waren und die Geschichten, die man sich erzählte, nichts als böswilliger Klatsch und Tratsch. Doch am Ende holten ihn seine eigenen Missetaten ein, und eine von den Briten eingesetzte Kommission erklärte ihn 1933 für schuldig. Anstatt ihn nur seiner Ämter zu entheben, verbannten sie ihn gleich aus seinem Staat.

Der Hispano-Suiza H6C stand im Fuhrpark des Maharadschas von Alwar.
(© Makarand Baokar)

Trotz seines exzentrischen Lebenswandels, über den die verrücktesten Gerüchte kursierten, war der Maharadscha auch durchaus großzügig – wenn es darum ging, Geld für Autos auszugeben. Vor seinem Exil hatte er sich nach und nach eine durchaus interessante Sammlung in die Garage gestellt. Dabei waren die Rolls-Royce deutlich in der Minderheit, von denen er nur ein paar für seine Auftritte bei offiziellen Anlässen importiert hatte. Seine Vorliebe galt den Modellen aus dem Haus Hispano-Suiza. Vor seiner Abreise ins Exil hatte er mindestens 15 Exemplare bestellt und war so einer der wichtigsten Sammler der Prestige-Marke geworden. Die meisten waren große und repräsentative Automobile. Der Fürst bestellte sie in allen erdenklichen Karosserievarianten und auf

Hispano Suiza

Für das kleine Gepäck des Fürsten reichte ein Korb am Heck des Hispano.
(© Makarand Baokar)

unterschiedlich großen Fahrgestellen. Sein Lieblingsmodell war der H6B. Der Legende nach bestellte er die Autos im Dreierpack, fuhr sie drei Jahre lang, um sie danach zu vergraben. Wenn man heute in Alwar die Erde umgräbt, könnte es sein, das man vielleicht kein Gold, aber verrostetes Blech findet. Das Exemplar auf diesen Seiten ist diesem Schicksal offensichtlich entgangen. Pranlal Bhogilal erwarb diesen Hispano-Suiza H6C mit einer sehr geringen Laufleistung vor einigen Jahrzehnten. Als Antrieb dient ein Reihensechszylinder mit 7982 ccm und 160 PS. Vom H6C entstanden zwischen 1924 und 1936 lediglich 264 Exemplare. Das Exemplar des Maharadschas trägt die Fahrgestellnummer 11760 und die Motornummer 320096 sowie das Kennzeichen Alwar 3.

Alwar 3 diente möglicherweise nicht bloß repräsentativen Zwecken, sondern auch als Jagdwagen. Immerhin sind Gewehrständer auf den Trittbrettern montiert sowie starke Stephen-Grebel-Richtscheinwerfer. Das mit einem besonders langen Radstand von 3,37 Metern gesegnete Hispano-Suiza-Fahrgestell trägt eine von H. J. Mulliner entworfene Salamanca-Limousinen-Karosserie. Sie ließ sich zum „Thron-Wagen“ verwandeln, in dem sich der Fürst mit großem Prunk seinem Volk zeigen konnte. Die Pracht-Limousine wurde möglicherweise entsprechend eingesetzt, obwohl auch noch ein eigens für derartige Zwecke gebauter Lanchester in der Garage stand.

Ursprünglich war der Hispano-Suiza mit 21-Zoll-Rädern ausgerüstet, doch weil es in Indien so gut wie unmöglich war, Reifen für diese Räder aufzutreiben, wechselte Bhogilal auf eine kleinere Größe.

Trotz seiner Jagdleidenschaft war der Maharadscha ein strikter Vegetarier, und daher waren seine Fahrzeuge niemals mit Leder, sondern mit Stoff ausgestattet. Auch die Lederstücke zwischen den Blattfedern mussten gegen Stoff ausgewechselt werden, sodass häufige Wechsel notwendig wurden. Im Innenraum dominieren Seide und Brokat.

Der Innenraum ist ein Traum in Brokat und Teppich. (© Makarand Baokar)

Der Mahardscha benutzte den Hispano für offizielle Auftritte. Der Gewehrkasten hatte mehr symbolische Funktion. (© Makarand Baokar)

MMF
1929

Packard 745, 1930

Madho Singh II, Maharadscha von Jaipur, zeugte mit ungezählt vielen Geliebten (angeblich mindestens 65) viele Kinder – keins jedoch mit einer seiner fünf legitimen Gattinnen. Grund dafür war sein ausgeprägter Aberglaube. Ein Wahrsager hatte ihn davor gewarnt, legitime Erben zu zeugen, und so adoptierte der Fürst am 24. März 1921 einen entfernten Verwandten und machte den zehnjährigen Mor Makut, der fortan den Namen Man Singh trug, zu seinem Kronprinzen. Ein Jahr danach verstarb Madho Singh, sodass der elfjährige Junge 1922 zum Maharadscha von Jaipur gekrönt wurde.

Sein Staat umfasste 40.407 Quadratkilometer und hatte Anspruch auf 17 Salutschüsse. Man Singh erwies sich bald als Glücksgriff für das Fürstentum. Der junge Herrscher begann mit einem aufwändigen Modernisierungsprogramm, baute die Infrastruktur aus und schuf einige öffentliche Institutionen, sodass Jaipur bald die Hauptstadt von Rajasthan wurde. Im Jahr 1958 war Man Singh auch einer der ersten Herrscher, der Rajasthans touristisches Potenzial erkannte. Er verwandelte seinen Palast Rambagh in ein Luxushotel. 1965 wurde Sawai Man Singh zum indischen Botschafter in Spanien ernannt. Der vielseitige Adelige war auch einer der besten indischen Polospieler und sicherte sich unter anderem 1933 die Weltmeisterschaft. Doch der Sport sollte auch zu seinem Schicksal werden. 1970 stürzte er bei einem Spiel in England so unglücklich vom Pferd, dass er dabei ums Leben kam. Er hinterließ seine dritte Ehefrau Gayatri Devi und vier Söhne.

Nach seinen beiden ersten Ehen, bei denen die Staatsraison im Vordergrund stand, war seine dritte Verbindung mit der bildschönen Gayatri Devi eine legendäre Liebesgeschichte. Er hatte seine Angebetete bereits kennengelernt, als er noch verheiratet war. Sie stammte aus Cooch Behar, war die Tochter des Maharadschas Jitendra und Indira Raje und galt als eine der schönsten Frauen der Welt, als sie Sawai Man Singh zum ersten Mal traf. Trotz des großen Altersunterschieds bildeten die beiden ein mythisches Paar. Sie überlebte ihren Gatten um viele Jahre und starb am 29. Juli 2009 im Alter von 90 Jahren. Die sehr elegant auftretende Fürstin blieb ihrem Lebensstil treu und behielt einige der begeisternden Automobile, die Sawai Man Singh im Laufe der Jahre in seine Garage gestellt hatte. Darunter war ein Bentley Serie MX mit

Der Packard 745 gehörte ursprünglich zur Fahrzeugflotte des Maharadschas von Jaipur. (© Makarand Baokar)

4,5 Litern Hubraum aus dem Jahr 1937, das war zwei Jahre, bevor sie den Fürsten heiratete, der 2008 beim von Cartier organisierten Concours d'Elégance reüssierte.

Außerdem gab es da einen Jaguar XK 120, Baujahr 1950. Während eines Urlaubsaufenthaltes in Europa erlebte das Paar einen Sportwagen, der wie der Blitz an den beiden vorbeischoss. Die Maharani rief erstaunt aus: „Was war das denn?" Am folgenden Morgen klingelte es an der Tür, und die Maharani wurde von Vertretern des Hauses Jaguar begrüßt, die einen brandneuen Jaguar XK 120 ausliefern wollten. Es war das Geschenk des verliebten Gatten. Von dem Fahrzeug hat sie sich bis zu ihrem Tod nicht mehr getrennt.

Eines der Autos, von denen sich die Dame einst trennte, und das schließlich in die Sammlung Bhogilals fand, war der Packard 745 aus dem Jahr 1930. Seinerzeit war Packard die führende Luxusmarke und verkaufte 1928 nicht weniger als 55.000 Autos. Ein Jahr später waren es wegen der Wirtschaftskrise nur noch 35.000 Exemplare. 1930 waren es immerhin 1000 Einheiten mehr, darunter auch 1789 Exemplare des Modells 745, das von einem Reihen-Achtzylinder mit 6309 ccm angetrieben wurde. Dank 160 PS hatte der Wagen beachtliche Fahrleistungen. Der neue Antrieb wurde bis in die 1950er Jahre gebaut. Der Packard besaß für die damalige Zeit innovative Details wie eine Zentralschmierung für das Chassis, Viergang-Getriebe, Vorderradbremsen und eine Sicherheitsglas-Frontscheibe. Die offenen Packard-Modelle – noch seltener als die Limousinen – galten als exklusive und zuverlässige Fahrzeuge, die sich besonders auf langen Strecken bewährten. Bhogilals Exemplar findet sich in perfektem Zustand.

Zwei Automobile der letzten Maharani von Jaipur, Gayatri Devi, die noch immer zur Familie gehören: Bentley 4,5-Liter aus der MX-Serie und der Jaguar XK 120 aus dem Jahr 1950. (© Makarand Baokar)

Rolls-Royce 20/25 HP, 1932

Mandi ist eine Kleinstadt im heutigen Himachal Pradesh. In der gebirgigen Landschaft vor dem Himalaya gelegen, war das Fürstentum Mandi 1527 gegründet worden. Die einst mit dem Königreich Suket in Rajasthan verbundene Herrscherfamilie konnte ihre Wurzeln bis in das Jahr 756 zurückverfolgen. Im zwölften Jahrhundert hatte der Radscha Vijaya Sen zwei Söhne, von denen Sahu Sen über Suket regierte. Bahu Sens Nachkommen ließen sich in Kullu in Himachal Pradesh nieder. Der zehnte Nachkomme, Kabakha Sen, wurde vom Radscha von Kullu getötet, sodass sein Sohn nach Siokot fliehen musste, das nicht weit vom heutigen Mandi lag, das wiederum später während der Herrschaft von Ajbar Sen gegründet wurde und mit dem die Geschichte des Königreichs Mandi beginnt. Trotz der Fläche von gerade 2950 Quadratkilometern wurden die Herrscher mit elf Salutschüssen begrüßt.

Fürst Joginder Sen war der 18. Nachkomme der von Ajbar Sen begründeten Linie. Der im Queen Mary's College und im Aitchinson Collge in Lahore ausgebildete Fürst war gebildet und aufgeklärt und wurde nach der Unabhängigkeit zum indischen Botschafter in Brasilien ernannt, wo er zwischen 1952 und 1956 die Interessen seines Landes vertrat. Nach seiner Rückkehr wurde er ins Parlament gewählt, dem er von 1957 bis 1962 angehörte. Er starb schließlich am 16. Juni 1986 im Alter von 73 Jahren.

Obwohl er kein ausgesprochener Automobilliebhaber war, gönnte er sich dennoch 1932 einen exklusiven Rolls-Royce. Das Cabriolet (Fahrgestellnummer GKT41) zeichnete sich durch ein Bootsheck aus, das damals typisch für Hooper war. Die Einzelanfertigung trägt die Karosserienummer 4940. Bhogilal kam Mitte der 1970er Jahre in den Besitz des Fahrzeugs, als der Maharadscha gerade schlecht bei Kasse war.

Für Bhogilal hat der Rolls einen ganz besonderen Wert: GKT41 war auf den Namen Chamundeshwari getauft worden. Patin ist eine Hindu-Gottheit, die das Böse bekämpft. Außerdem und vor allem aber trägt auch seine Tochter und Erbin diesen Namen.

Der aus dem Fuhrpark des Maharadschas von Mandi stammende Rolls-Royce 20/25 aus dem Jahr 1932 trägt eine Karosserie von Hooper. (© Makarand Baokar)

Im Jahr 1934 entstand dieser Chrysler Airflow, der einst in der Garage des Fürsten von Rajkot stand. (© Makarand Baokar)

Chrysler Airflow, 1934

Der Chrysler Airflow war für seine Zeit ein revolutionäres Fahrzeug. Mit ihm hielten die Ideen der Aerodynamik und die Stromlinie Einzug ins US-Autodesign. Er war schlank und baute längst nicht so hoch wie die zeitgenössischen Wagen. Zur schnittigen Silhouette trug auch der nach hinten abgerundete Kühlergrill bei, der harmonisch in die Motorhaube überging und nicht wie bei anderen Modellen steil im Fahrtwind stand. Der Ausschnitt der vorderen Kotflügel umschloss sauber die Räder, während die hinteren die Räder bis zu Nabe bedeckten. Der großzügig bemessene Radstand ermöglichte ein außergewöhnlich geräumiges Passagierabteil. Mit seiner Ganzstahlkonstruktion setzte er einen neuen Trend.

Dank seines Reihenachtzylinders mit 5301 ccm, der 117 PS leistete, beschleunigte der immerhin 1800 Kilogramm schwere Chrysler auf maximal 140 km/h. Dieses Tempo verdankte er vor allem seiner aerodynamischen Front. Trotz des modernen Entwurfs war der Airflow eine wirtschaftliche Katastrophe. Zwischen 1934 und 1937 erwärmten sich nicht einmal 30.000 Kunden für die Limousine, was wohl in erster Linie am arg eigenwilligen Design lag. Die flusspferdartige Frontpartie schreckte wohl so manchen Zeitgenossen vom Kauf ab. Außerdem zerstörte eine äußerst aggressive Werbekampagne von Konkurrent General Motors alle Chancen des Chryslers im Ansatz. Auch die indischen Fürsten, die für ihren mitunter ex-zentrischen Geschmack berühmt waren, hielten sich beim Airflow zurück.

Die Ausnahme von der Regel war in diesem Fall der Thakursahib von Rajkot, Dharmendrasimhji Jadeja, der ein Exemplar direkt nach der Markteinführung für seinen Fuhrpark orderte. Natürlich bestellte der Fürst nicht die normale Ausführung. Für ihn musste es die teuerste Version, der Imperial mit längerem Radstand, sein. Offensichtlich war die Limousine für Frauen des königlichen Hofstaats gedacht, die dank einer Jalousie vor neugierigen Blicken geschützt waren. Pranlal Bhogilal ist übrigens ebenfalls kein großer Freund des Airflow, muss aber dennoch anerkennen, dass dieses Modell eine wichtiges Kapitel in der Geschichte des Automobils verkörpert und zugleich das beste und das schlechteste der Art-déco-Epoche darstellt. Das erklärt am Ende auch die etwas ungewöhnliche Farbgebung des ehemals königlichen Modells.

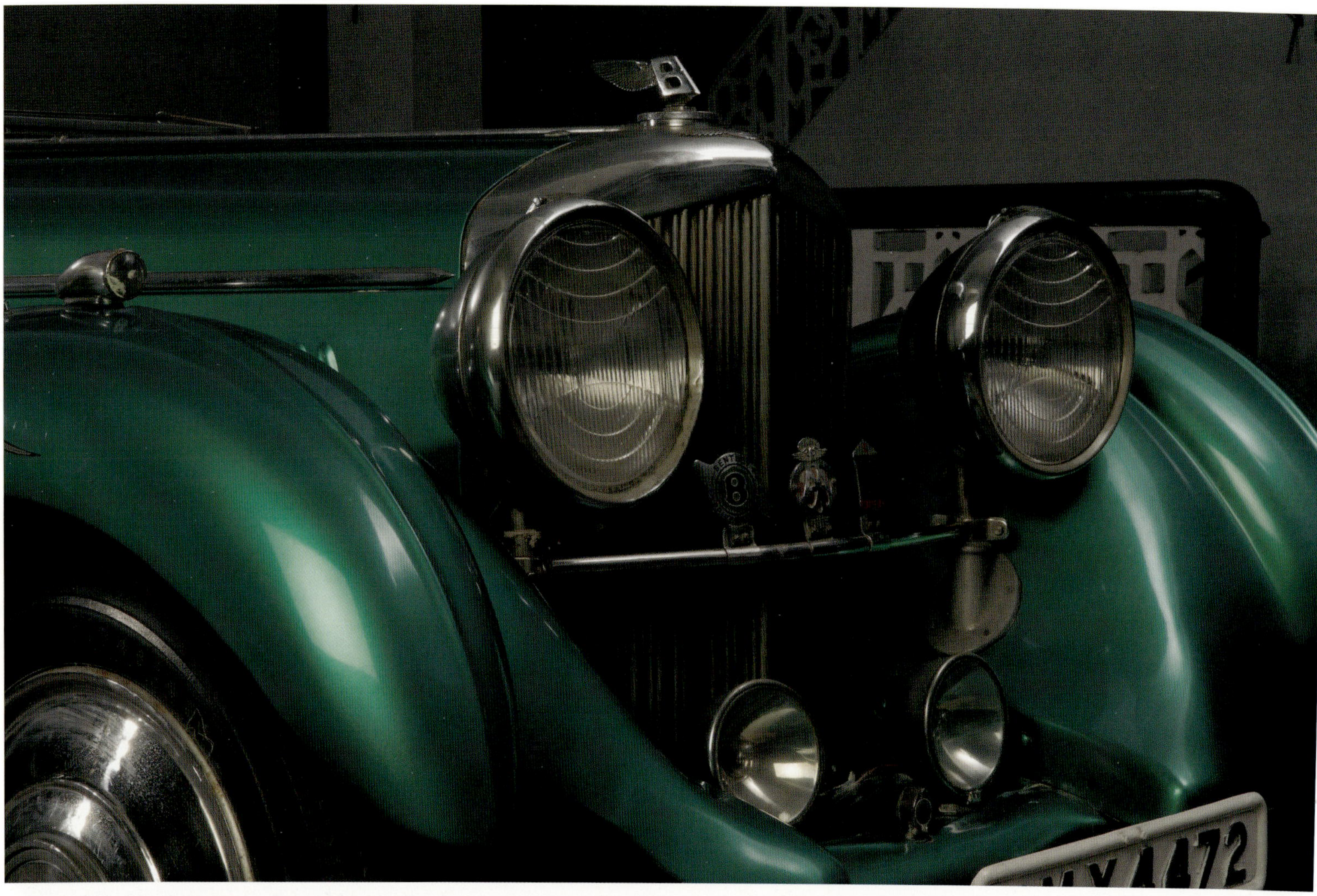

Bentley 3,5 Liter Cabriolet, 1935

Im Jahr 1260 erreichte ein aus Rajasthan stammender Rajput-Clan die Küste von Gujarat im westlichen Indien. Das Clanmitglied Bhavsinji Gohil ließ sich außerhalb der Stadt Sihor nieder, die 1822 von den Marathes, einem aus Maharashta stammenden Volk, angegriffen wurde. Bhavsinhij Gohil tat alles, was in seiner Macht stand, um gegen die Eindringlinge zu kämpfen, und schließlich gelang es ihm, sie tastsächlich zurückzuschlagen. Der Kampf hatte allerdings Konsequenzen für Sihor. Nachdem man erkannt hatte, dass die Stadt aufgrund ihrer geografischen Lage nur schwer zu verteidigen war, wurde eine neue Hauptstadt namens Bhavnagar gegründet. Nur 20 Kilometer von Sihor entfernt, besaß die Hafenstadt eine wesentlich günstigere strategische Lage, sodass sie die natürliche Wahl für die Hauptstadt des Staates Bhavnagar wurde. Die Altstadt war eine Festung mit vielen Toren, die zu anderen wichtigen Städten führten. Dank des Rohstoffhandels und des Handels mit Mozambique, Sansibar und Singapur sowie dem Persischen Golf, herrschte zwei Jahrhunderte lang in der Hafenstadt reges Treiben. Bhavnagar erstreckte sich über 7300 Quadratkilometer und hatte Anspruch auf 13 Salutschüsse. Von 1919 an wurde das Fürstentum von Krishna Kumarsinhji Bhavsinhji regiert, der sich als fähiger Politiker erwies und als Maharadscha seinen Staat als einer der ersten Fürsten in die indische Union integrierte. Er wurde mit dem Posten des ersten indischen Gouverneurs von Madras (heute Chennai) belohnt, den er von 1948 bis 1952 bekleidete. Maharadscha Krishna Kumrashinhji war ein großer Automobil-Liebhaber mit einer besonderen Neigung für die Modelle aus dem Hause Mercedes-Benz. Zwei seiner Fahrzeuge, ein 500 K und ein siebensitziger 290, beide aus dem Jahr 1935, stehen heute

Dieses Bentley-Schmuckstück (3,5 Liter, 1935) mit einer Karosserie von Vanden Plas schmückte einst die Garage des Maharadschas von Bhavnagar. (© Makarand Baokar)

Der Bentley 3,5 Liter steht heute im Museum von Pranlal Bhogilal. (© Makarand Baokar)

in der Gondal-Sammlung. Allerdings hinderte ihn seine Vorliebe für die schwäbischen Karossen nicht daran, mehrere Dodges, Fords und Pontiacs zu erwerben. 15 Modelle wurden im Jahr 1945 an die fürstliche Familie von Gondal verkauft und mindestens zwei andere wurden verschenkt.

Irgendwann trat dann aber Bentley in das Leben des Fürsten, und 1928 kaufte der Fürst einen ausgezeichneten Zweisitzer mit 6,5 Litern und einer Karosserie von Barker (Fahrgestellnummer FA2513, Motornummer: FA2515). Der Roadster besaß einen klappbaren Notsitz in seinem modischen Bootsheck, der einem zusätzlichen Passagier Platz bot. Der Zweisitzer gehört heute zu den attraktivsten Modellen aus der frühen Ära W. O. Bentley und ist wahrscheinlich die spektakulärste Variante der insgesamt 363 gebauten 6,5-Liter. Ein Jahr später kaufte sich der Maharadscha einen weiteren Bentley mit 4,5 Litern (Fahrgestellnummer NX3452, Motornummer NX3454), dessen Karosserie allerdings von Vanden Plas stammte und nicht weniger beeindruckend war: Der Viersitzer hatte eine um 15 Zentimeter verlängerte Motorhaube, was dem Wagen atemberaubende Proportionen verlieh.

Leider stehen die beiden Fahrzeuge nicht mehr in Indien. Der 6,5-Liter gehört einem deutschen Sammler, während der 4,5-Liter in einer britischen Garage steht.

Der Bentley 3,5-Liter, den der Maharadscha 1935 kaufte, blieb aber in Indien und ist heute eins der wichtigsten Stücke in der Sammlung Bhogilal. Das Cabriolet wurde von Vanden Plas aufgebaut und besitzt die Fahrgestellnummer B50FB. Auch wenn das Fahrzeug nicht zu den Klassikern der Epoche W. O. Bentley gehört und als erster „leiser Sportwagen“ in die Geschichte einging, verkörpert es die für die Bentleys der 1930er Jahre typische Perfektion, als die Marke von Rolls-Royce übernommen worden war.

Für seinen Bentley 3,5-Liter aus dem Jahr 1935 wählte der Maharadscha von Indore eine Karosserie von J. Gurney Nutting. (© Marzia Gandini)

Bentley-Coupé 3,5 Liter, 1935

Im zarten Alter von 18 Jahren bestieg Yashwantrao Holkar II. 1926 den Thron des im Zentrum Indiens gelegenen Fürstentums Indore. Der junge Mann trug den Namen seines legendären Vorfahren Yashwant Rao Holkar, der zwischen 1798 und 1811 regierte und wegen seiner zahlreichen Kriege als indischer Napoleon in die Geschichte des Subkontinents einging. Yashwantrao folgte seinem Vater, Tukajirao Holkar III., der wegen eines von ihm ausgelösten Skandals abdanken musste.

Der Fürst hatte sich in die bildhübsche junge Tänzerin Mumtaz Begum aus Bombay (heute Mumbai) verliebt und die junge Frau zusammen mit ihrer Mutter Wazir Begum in einem Palast von Indore untergebracht. So konnte er sich problemlos mit seiner Geliebten vergnügen. Wazir Begum, die nichts anderes im Sinn hatte, als ihre familiäre Situation zu verbessern, setzte die junge Frau unter Druck, den Maharadscha zu heiraten, was der allerdings gar nicht vorhatte. Also suchte die Mutter nach einem anderen Heiratskandidaten, was dem Maharadscha allerdings nicht entging. Er ließ Mumtaz während einer seiner Aufenthalte in Bombay aus seinem Schloss entfernen und später nach Indore zurückbringen, wo sie schwanger wurde, ihr Kind aber unter verdächtigen Umständen verlor.

Wazir Begum hatte da schon als beste Lösung für ihre Tochter beschlossen, sie einem mächtigen und einflussreichen Geschäftsmann aus Bombay zu geben. Abdul Kadar Bawla brachte Mumtaz in einem Appartement in dem eleganten Viertel Chowpatty im Süden Bombays unter. So weit, so gut. Eines Abends aber rammte ein Auto den Wagen, in dem die beiden unterwegs waren. Fünf Männer sprangen heraus und griffen das Paar an.

Bawla wurde erschossen. Ein Polizist konnte einen der Attentäter festnehmen, der zur Polizei von Indore gehörte. Ein weiterer Festgenommener entpuppte sich als ein Mann Tukajiraos. Die Attentäter landeten vor Gericht und wurden zum Tode durch den Strang verurteilt. Obwohl es Tukajirao gelang, sich der irdischen Justiz zu entziehen, zwangen ihn die Briten abzudanken, was er dann auch zu Gunsten seines Sohnes Yashwantrao II. auch tat.

Die Thronbesteigung nach den uralten Riten erfolgte am 11. März 1926 im alten Palast von Juna Rajbada. Am 22. Mai des gleichen Jahres kehrte der junge Fürst nach England zurück, um am Christ Church College in Oxford sein Studium abzuschließen, nachdem er zuvor bereits das renommierte Internat Charterhouse School absolviert hatte.

Während seiner europäischen Jahre war Yashwantrao Holkar sehr von der Art-déco-Bewegung beeinflusst worden. Gleichzeitig entdeckte er das Automobildesign für sich und erwarb auf diesem Gebiet ausgezeichnete Kenntnisse. Eines seiner ersten

Fahrzeuge war ein von Figoni entworfener Delage D8. Seiner Vorliebe für französische Modelle folgend, kaufte er dann noch einen Bugatti, einen Delahaye und einen Hispano-Suiza J12. Dazu kamen ein schicker Mercedes 540 K und ein atemberaubend schöner Alfa Romeo 8C 2900 B Spider. Der Alfa mit einer Karosserie von Touring war damals das schnellste Serien-Fahrzeug auf dem Markt.

Yashwantrao Holkar war ein echter Automobilfanatiker und ließ sich diese Leidenschaft auch einiges kosten. So finanzierte er den britischen Karossier J. Gurney Nutting, was zu einer engen Beziehung zwischen dem Fürsten und dem Chefdesigner A. E. „Mac" McNeil führte. Als einer der besten englischen Designer der 1930er Jahre arbeitete der Kreative im Auftrag des Fürsten, der ihn mit sehr genauen Angaben bedachte. Das Ergebnis war eine beachtliche Serie von Automobilen aus dem Hause J. Gurney Nutting. Dazu zählten ein hervorragend proportionierter Lagonda 4,25 Liter, ein absolut fantastischer Duesenberg auf einem SJN-Fahrwerk und ein Bentley-Airofoil-Coupé mit 4,25-Liter-Motor. Tatsächlich war Bentley die Lieblingsmarke des jugendlichen Herrschers, der noch sieben weitere Modelle der Marke erwarb, darunter einen Le-Mans-Typ mit 4,25-Liter-Maschine aus dem Jahr 1930. Nachdem der Wagen bei einem Brand zerstört wurde, kam der Motor in ein Rennboot, das auf dem Grund des Hafens von Mumbai endete. 1954 folgte noch ein Continental R-Type mit einer Karosserie von H. J. Mulliner. Die meisten anderen Bentleys stammten allerdings aus der Manufaktur von J. Gurney Nutting.

Der hier gezeigte Bentley 3,5 Liter folgt dem Leitmotiv des Duos Holkar-McNeil: Mit seiner Zweifarben-Lackierung, die des Coupés fließende Linien trefflich betonen, ist der Wagen mit der Fahrgestellnummer B194FB eines der wenigen Fahrzeuge aus der Garage von Holkar, die in Indien geblieben sind. Er wurde vor einigen Jahren von Pranlal Bhogilal aufgekauft und in seinem Originalzustand belassen, weil man eine Restaurierung für unnötig erachtete. Der Bentley steht heute im Museum in der Nähe von Ahmedabad.

Details des Bentleys aus der fürstlichen Garage von Indore. (© Makarand Baokar)

ROLLS
RR

Rolls-Royce Phantom III, 1937

Der Staat von Nabha erstreckte sich über 2400 Quadratkilometer im Nordwesten Indiens und gehörte zu jenen Fürstentümern, die Anspruch auf 13 Salutschüsse hatten. Der seit 1912 regierende Maharadscha von Nabha, Ripundaman Singh, war eine umstrittene Persönlichkeit und besaß einen fast schon verbrecherischen Charakter. Wegen der Anstiftung zur Revolte zunächst abgesetzt und 1928 schließlich verbannt, erlebte er, wie sein neunjähriger Sohn Pratap Singh den Thron bestieg. Allerdings wurde Pratap Singh Malvinder Bahadur erst 1940 im Alter von 21 Jahren als Maharadscha eingesetzt. In der Zwischenzeit leitete die Maharani Rana Jasmer Kaur die Geschicke des Fürstentums.

Um dabei komfortabel reisen zu können, beschloss sie, ein entsprechendes Fahrzeug für ihren persönlichen Gebrauch zu ordern. Vor allem aber benötigte sie ein repräsentatives Gefährt für die Parade anlässlich der Krönung von George VI. am 12. Mai 1937 in London. Einen Wagen aus Indien mitzubringen, wäre vielleicht etwas zu umständlich gewesen, also kaufte sie eben gleich einen beim Londoner Rolls-Royce-Händler George Newman & Co., der auch eine Filiale in Brighton hatte, wo die Familie Nabha unter der Adresse Lewes Crescent 13 residierte.

Das Modell, auf das die Maharani ihr fürstliches Auge geworfen hatte, war ein

Die Maharani von Nabha kaufte den 1937er Rolls-Royce Phantom III eigens zur Krönung von König George VI. (© Makarand Baokar)

RR
1937

Rolls-Royce Phantom III. Nach den Aufzeichnungen des Phantom-Historikers Steve Stuckey verließ das rollende Fahrgestell mit der Nummer 3BU82 (Motornummer R38J) die Rolls-Royce-Fabrik in Derby am 1. Februar 1937. Seltsamerweise weist eine Anmerkung auf dem Chassis darauf hin, dass es ausschließlich im Vereinigten König-reich verwendet werden sollte. Es war von Hooper am 11. August 1936 beim Händler G. Newman bestellt worden. Der Karosseriebauer schuf eine Sedanca-Karosserie. Von diesem Entwurf existiert laut Stuckey noch ein weiteres Exemplar mit der Fahrgestellnummer 3CP170 in Australien. An beiden Seiten des Fahrzeugs, für das die Fürstin 2976 Pfund bezahlt hatte, wurden für den Fall der Fälle Reserveräder montiert.

Am 10. Mai, gerade rechtzeitig vor der Parade, wurde der Rolls mit dem britischen Kennzeichen UF1 an die Maharani ausgeliefert. Dieses Ereignis galt als immerhin derart bedeutend, dass die „Sussex Daily News" am 12. Mai 1937 darüber berichtete. Unter ein Foto mit Fürstin und Automobil schrieb der Redakteur: „Die Maharani von Nabha steigt in ihren Rolls-Royce, mit dem unser Ehrengast an der Krönungsparade teilnehmen wird. Das Fahrzeug hat der örtlichen Händler Newman geliefert."

Man weiß nicht genau, wann das Fahrzeug nach Indien kam, aber wahrscheinlich wurde es kurz nach der Krönung verschifft. Auch über den Einsatz in Indien ist kaum etwas bekannt. Allerdings kennt Stuckey den Namen des zweiten Besitzers: Shahaji C. Angre übernahm den Rolls im Jahr 1967 mit rund 40.000 Kilometern auf dem Tacho. Danach kaufte Pranlal Bhogilal den Phantom und stellte ihn in den 1970er Jahren in seine Sammlung.

Der Phantom III in den 1970er Jahren. (Sammlung Suchandra Roy)

Die vordere Sitzbank im Rolls-Royce der Maharani von Nabha. (© Makarand Baokar)

In diesem Rolls-Royce Phantom III aus dem Jahr 1937 fuhr der Maharadscha von Chhota Udaipur bei offiziellen Anlässen vor. (© Makarand Baokar)

Rolls-Royce Phantom III, 1937

Dieser Rolls-Royce Phantom III (Fahrgestellnummer 3BT75) war eigentlich gar nicht für den Einsatz auf indischen Straßen bestimmt. Laut Steve Stuckey war der Rolls produziert worden, um Mitglieder der englischen upper class über die Straßen des Vereinigten Königreichs zu transportieren. Das Fahrwerk hatte am 11. September 1936 das Karosserieunternehmen Windovers bestellt. Es wurde am 24. März 1937 ausgeliefert. Der Auftrag stammte ursprünglich vom Erben des dritten Barons von Southampton, Charles Fitzroy. Ohne Angaben von Gründen stornierte der am 23. März seine Bestellung, sodass Windovers auf eigene Rechnung eine siebensitzige Limousine baute. Will man Stuckey glauben, war die Karosserie mit drei Fenstern an beiden Seiten und ohne Aufteilung des Innenraums damals ziemlich originell. Lediglich ein Reserverad befand sich an der Seite des Chauffeurs.

Nachdem der Auftrag storniert worden war, stand der Phantom bei Windovers im Lager, bis der Maharadscha Natwarsnghji von Chhota Udepur den Wagen entdeckte und am 4. Juni 1937 kaufte. Chhota Udepur war ein kleines Fürstentum im Osten des heutigen Bundesstaates Gujarat mit Anspruch auf neun Salutschüsse und umfasste 525 Dörfer. Neben dem kleinen Staat befanden sich noch zwei weitere Fürstentümer in der Region: Devgadh Baria und Rajpipla. Regiert wurde Chhota Udepur von der Dynastie der Khichi Chauhan, deren Ursprünge bis in die Zeiten von Prithviraj Chauhan zurückreichen, dem letzten Hindu-König, der 1192 in der Schlacht von Tarai vom afghanischen Eindringling Muhammad Ghori geschlagen wurde. Das Fürstentum war 1831 gegründet worden, als sich Rawal Rai Sinhji entschloss, die gleichnamige Stadt zu befestigen und einen Vertrag mit den Marathes schloss, die sich zu einer bedeutenden Macht entwickelt hatten. Außerdem zahlte er Tribut an den Maharadscha von Baroda.

Nachdem Maharadscha Natwarsinghji die Rechnung beglichen hatte, wurde der Phantom III laut Stuckey am 7. Juli fertiggestellt. Am 11. September kam der Rolls an Bord der „SS Strathnaver", Bestimmungsort war Mumbai. Danach verliert sich seine Spur, bis er im Jahr 1975 in der Sammlung Bhogilal auftaucht.

Boghilal besitzt übrigens noch einen dritten Phantom III (Fahrgestellnummer 3AZ479) aus dem Jahr 1936, bei dem es sich um einen der ersten handelt und der tatsächlich auch für den indischen Markt gedacht war. Der von Hooper aufgebaute Siebensitzer war sehr hoch ausgefallen. Bestellt hatten die Limousine ein Jahr zuvor das India Store Department in London für den neuen britischen Vizekönig Victor Alexander John Hope, Marquis von Linlithgow, der es auf die imposante Körpergröße von mehr als zwei Meter brachte. Der Wagen musste immerhin den Vizekönig samt Federhut aufnehmen können. Als der Vizekönig im Oktober 1943 nach England zurückkehrte, bleib sein Wagen in Indien. 1954 kaufte ein gewisser W. H. Rooksby aus Bombay den Wagen, der in den 1950er Jahren bei Hooper in London überarbeitet wurde und dabei ein flacheres Dach bekam, was den Proportionen des Wagens allerdings nicht gut tat. Rund zehn Jahre später sicherte sich Bhogilal den Phantom.

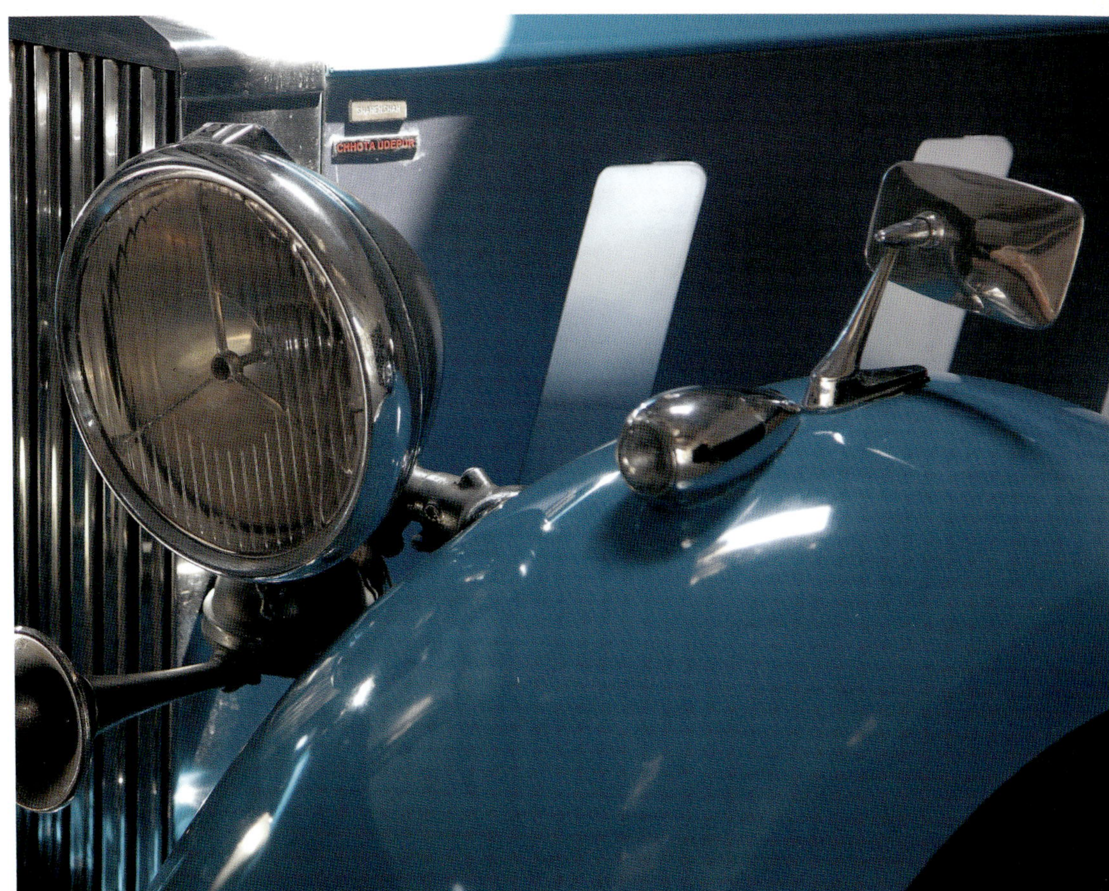
CHHOTA UDEPUR

Der Maybach SW 38 (Baujahr 1939) wurde von Spohn für den Herrscher von Kota karossiert. (© Makarand Baokar)

Maybach SW 38, 1939

Die Stadt Kota in Rajasthan ist berühmt für ihre in einem ganz besonderen Stil gemalten Gemälde. Die Universitätsstadt mit der berühmten Technischen Hochschule und den medizinischen Fakultäten ist außerdem ein bedeutendes Industriezentrum. Hier befinden sich auch die größte Düngerproduktion Asiens, eine Fabrikationsstätte für Präzisionsinstrumente sowie ein Atomkraftwerk. Die Geschichte dieser Stadt geht bis in das zwölfte Jahrhundert zurück, als der Chef des Hada-Clans, Rao Deva, das Territorium eroberte und das Fürstentum Bundi und Hadoti gründete. Später, im 17. Jahrhundert, schenkte der Herrscher über Bundi, Ratan Singh, seinem Sohn Madho Singh einen kleinen Teil seines Landes – das Fürstentum Kota. Doch innerhalb kürzester Zeit übertraf der Schüler seinen Meister und vergrößerte sein Reich, das bald größer, wohlhabender und mächtiger als Bundi und Hadoti war. Maharao Bhim Singh wiederum spielte eine Hauptrolle in der Geschichte von Kota und wurde der erste seiner Dynastie, der den Titel eines Maharadschas trug.

Der letzte Maharadscha von Kota war Bhim Singhji II., ein berühmter Herrscher, der im Jahr 1940 an die Macht kam und 52 Jahre lang dort blieb. Der angesehene Fürst war zugleich geachteter Berater der Regierung. Seine Ausbildung und seine genaue Kenntnis der indischen Sitten und Eigenarten machten ihn zum gefragten Berater der Regierung. Was er von Autos hielt, ist nicht bekannt, immerhin bestellte er jedoch Ende der 1930er Jahre gleich zwei Maybachs in Deutschland.

Warum Maybach und warum gleich zwei Modelle, weiß niemand. Mercedes-Benz war damals zweifellos die bekannteste deutsche Automarke in Indien. Vielleicht hatte der Maharadscha Umed Singhji erfahren, dass Maybach Automobile baute, die noch eleganter und luxuriöser waren als die Mercedes-Modelle und dass der 1936 vorgestellte SW 38 mit Reihensechszylinder trotz der überschaubaren Leistung von 140 PS knapp 190 km/h erreichte.

Jahre zuvor – 1929 – hatte Maybach mit dem 12 DS der staunenden Öffentlichkeit das erste Automobil mit einem V12 präsentiert, doch bereits vor dieser Premiere galt Wilhelm Maybach als „König der Konstrukteure". Der Ehrentitel kam obendrein aus Frankreich, wo man vom Automobilbau wahrhaftig allerhand verstand. Wilhelm Maybach hatte an der Seite von Gottlieb Daimler gearbeitet und wurde bald zu einem der führenden Köpfe der deutschen Automobilindustrie. Nach dem Ersten Weltkrieg gründete Maybach zusammen mit seinem Sohn Karl das eigene Unternehmen und begann Autos zu bauen. Mit Alltagswagen hielt er sich nicht auf, Maybachs waren hochmoderne Spitzenprodukte.

Das letzte von Maybach produzierte Automobil war der SW 38, der etwas weniger kostspielig war als die Super-Zwölfzylinder, die bis dahin in der Manufaktur entstanden waren. Die Limousine wurde von Sechszylinder-Aggregaten mit 3,5, 3,8 oder 4,2 Litern Hubraum angetrieben, die alle 140 PS leisteten. Mit dem Maybach ließen sich große Distanzen komfortabel zurücklegen, und bei Bedarf war die Karosse des Maharadschas mit 190 km/h auch angemessen schnell unterwegs.

Die hier abgebildete elegante Sportlimousine ist einer der beiden vom Maharadscha von Kota bestellten Maybachs. Das heute in

Der Maybach trägt eine für die Zeit typisch deutsche Karosserie. (© Makarand Baokar)

der Sammlung Bhogilal stehende Exemplar wurde von der königlichen Familie von Jetpur gekauft. Die Industriestadt liegt in Gujarat und ist noch immer ein Zentrum der Textilverarbeitung. Wie der Maybach dorthin kam, ist ein bis heute ungelöstes Rätsel.
Die Karosserie der Limousine stammt von Spohn und verkörpert den klassischen deutschen Karosseriebau. Allerdings waren die Maybachs wesentlich ausgefallener als die meisten Wagen von Mercedes-Benz oder von Horch. Das 1920 in Ravensburg gegründete Unternehmen Carosseriebau Hermann Spohn lag nur 20 Kilometer von der Maybach-Fabrikation entfernt und entwickelte sich im Lauf der Jahre zum bevorzugten Karosseriepartner Maybachs. Zwar entwarf und baute Spohn auch Karosserien für Luxusmarken wie Hispano-Suiza und Cadillac sowie für den Rennwagenbauer Veritas, doch waren die Maybachs die mit Abstand schönsten Schöpfungen.
Mit Ausbruch des Zweiten Weltkriegs endete die Personenwagenfertigung bei Maybach. Fortan wurden Motoren fürs Militär und für den Schiffbau gefertigt. Zwischen 1936 und 1939 entstanden 520 SW 38, und zwischen 1921 und dem Beginn des Zweiten Weltkriegs kamen insgesamt 2300 Maybachs auf die Straßen. Geschätzte 150 Exemplare gibt es noch. Dieser ehemals fürstliche Maybach ist übrigens nicht der einzige in Indien. Mindestens zwei weitere stehen in indischen Garagen: einer in Delhi und der andere bei den Nachkommen der königlichen Familie von Kolhapur in der Nähe von Goa.

MAYBACH

Im Jahr 1940 entstand der Lagonda V12, den der Maharadscha von Baroda bestellte. (© Makarand Baokar)

Lagonda V12, 1940

Lagonda gilt heute als eine der klassischen britischen Marke, doch verdankt das Unternehmen seine Existenz einem gescheiterten amerikanischen Opernsänger, der sich rechtzeitig seiner Ingenieursausbildung erinnerte und sich im Automobilbau versuchte. William Gunn war durch England getingelt, bis er seine eigentliche Berufung entdeckte und preiswerte Automobile für die Massen entwickelte. Nach seinem Tod im Jahr 1920 konzentrierte sich Lagonda auf Sportwagen. 1935 übernahm Alan Good die Marke, und ihm gelang es, W. O. Bentley (der nach der Übernahme seines Unternehmens durch Rolls-Royce weiter für Bentley arbeitete) als technischen Direktor an Bord zu holen. 1936 enthüllte Lagonda mit dem V12 Bentleys Meisterleistung, die ein Jahr später in Serie ging.

Der Motor war ein erstklassiges Stück Technik, das vor der Produktion interessanterweise niemals ausführlicheren Tests unterzogen wurde. Obendrein war er fürchterlich schwer einzustellen und zu warten. Aber einmal eingebaut, lief der Zwölfzylinder unermüdlich und enorm zuverlässig über viele, viele Kilometer. Der Motor mit nur einer Nockenwelle besaß einen Hubraum von 4480 ccm, einen Zylinderwinkel von 60 Grad und erreichte beachtliche 189 PS bei 5500 Umdrehungen. Das reichte für eine Höchstgeschwindigkeit von 160 km/h, und zwischen Null und 80 km/h vergingen weniger als zehn Sekunden. Dank seiner hydraulischen Bremsen glänzte der Lagonda auch beim Verzögern.

Der V12-Zylinder war mit drei Radständen – 3,15, 3,35 und 3,50 Metern – lieferbar. Zusätzlich stand der werten Kundschaft eine kaum überschaubare Zahl von Karosserien zur Wahl – von Cabriolets bis zu verschiedenen Limousinentypen. Dank der

unabhängigen Aufhängung vorn mit Drehstabfederung bot der Lagonda ein für die damalige Zeit hervorragendes Fahrverhalten. Der ohne Zweifel am besten konstruierte Lagonda kombinierte ausgezeichnete Fahrleistungen mit einem leisen und gleichmäßig laufenden Motor sowie einer ausgezeichneten Straßenlage. Es war schlicht und ergreifend ein hervorragend ausgeführtes Konzept, und am Ende des Tages war der Lagonda sportlicher als ein Rolls-Royce oder Bentley der damaligen Zeit. In Zusammenarbeit mit W. O. Bentley beschloss Lagonda, das Potenzial des Motors zu nutzen und entwickelte eine Rennversion mit mehr Leistung und weniger Fahrzeuggewicht. Trotz der überstürzten Entwicklungsarbeit wurden die Fahrzeuge für die 24 Stunden von Le Mans 1939 gemeldet, wo die beiden V12 trotz der hektischen Vorbereitungszeit am Ende die Plätze drei und vier in der Gesamtwertung belegten.

Mit dem Ausbruch des Zweiten Weltkriegs endete 1940 die V12-Produktion. 187 Exemplare waren hergestellt worden, und zwei wurden nach Kriegsende aus Ersatzteilen gefertigt.

Auf der Liste der V12-Eigner finden sich bekannte Namen aus dem internationalen Hochadel: der Herzog von Windsor ebenso wie Prinz Bernhard der Niederlande, Prinz Philip und einige indische Fürsten. Ein von J. Gurney Nutting entworfener V12 war 1938 vom Maharadscha von Indore, Yashwantrao Holkar, geordert worden. Allerdings ist der Roadster nicht das Werk von McNeil. Dieses Mal durfte der junge und talentierte Designer John Blatchley seine Kreativität unter Beweis stellen. Nach dem Krieg übernahm er die Designabteilung von Rolls-Royce.

Der Lagonda des Maharadschas von Baroda war eine beeindruckende Erscheinung. (© Makarand Baokar)

Rechte Seite: Der Lagonda besitzt eine vollständig bestückte Armaturentafel. (© Makarand Baokar)

Awini Ambuj Shanker ist der Besitzer des Lagonda V12 Rapide. (Sammlung Awini Ambuj Shanker)

Ein V12 Rapide wurde 1940 vom Maharadscha von Jodhpur, Umaid Singh, für seinen Sohn und Thronfolger Hanwant Singh in England geordert. Der als Gebrauchtwagen erworbene Lagonda war ursprünglich das Auto von Unternehmenschefs Alan Good gewesen. Vor der Auslieferung an den Maharadscha wurde er gründlich überarbeitet, weil Lagonda im Krieg nicht imstande war, ein neues Auto zu liefern. Das 1939 gefertigte Exemplar besaß das 86. von 110 Fahrgestellen mit einem Radstand von 3,15 Metern und den 160. der 189 gefertigten V12-Motoren. Es handelt sich übrigens wahrscheinlich um einen der ersten Motoren aus der zweiten V12-Serie.

Wahrscheinlich wurde der V12 (Kennzeichen Jodhpur 7) von Hanwant Singh, einem großen Automobil-Liebhaber, persönlich bewegt, bis der Maharadscha im Jahr 1952 bei einem Flugzeugabsturz ums Leben kam. Ende der 1950er Jahre gelangte der Lagonda in den Besitz des Sammlers Chandra Nath aus Ahmedabad, der unter anderem bereits einen weiteren Lagonda besaß. Sein Sohn Monik verkaufte den V12 Rapide schließlich an Awini Ambuj Shanker aus Delhi, der den Wagen einer jahrelangen Restaurierung unterzog. Lediglich 18 V12 Rapide wurden hergestellt, von denen die meisten heute noch fahren.

Dieses Exemplar war dank der besonderen Getriebeübersetzung schneller als alle anderen, so Shanker, weil Good gerne schnell auf den europäischen Straßen unterwegs war. 175 km/h waren durchaus möglich, außerdem verließ das Modell (Fahrgestellnummer 14096) die Manufaktur kurz nachdem die Rennversionen für Le Mans fertiggestellt worden waren.

Der Maharadscha von Baroda, Pratap Singh Gaekwad, bestellte einen dritten Lagonda kurz nach seiner Thronbesteigung. Das Cabriolet, mit orangefarben lackierter Karosserie und schwarzen Kotflügeln, hat eine ganz eigene Geschichte. Der Maharadscha hatte seine Order direkt an die Fabrik geschickt. Es war eine der letzten Bestellungen, die vor dem Ende der Produktion noch ausgeführt wurde. Leider wurde der Frachter mit der wertvollen Fracht torpediert, und der Lagonda versank in den Fluten des Ozeans. Der Maharadscha war außer sich, und nur ein weiterer Lagonda konnte seinen Kummer lindern. Daher wurde ein zweites Exemplar für einen beachtlichen Preis auf die Räder gestellt und nach Baroda transportiert. Heute steht dieser Wagen in der Sammlung Bhogilal.

Park Ward zeichnete für die Karosserie des Silver Wraith aus dem Jahr 1947 verantwortlich. (© Makarand Baokar)

Rolls-Royce Silver Wraith, 1947

Das osmanische Reich und Indien verbanden zwar nur wenige geschichtliche Gemeinsamkeiten, doch kam es in den 1930er Jahren gleich zu drei Hochzeiten zwischen osmanischen Prinzessinnen und indischen Fürsten. Am 21. Februar 1931 heirateten die beiden bildschönen Prinzessinnen Hadice Hayriye Ayshe Durruhsehvar und Niloufer Khanum Sultana die beiden Söhne des Nizam von Hyderabad, Mir Osman Ali Khan Asif Jah VI, damals der reichste Mensch der Welt.

Sechs Jahre später heiratete ihre Cousine, die Prinzessin Selma, den Radscha Sajid Hussain von Kotwara, doch das ist eine andere lange Geschichte. Prinzessin Durruhsehvar war eine der Töchter des letzten Kalifen. Im Jahr 1916, also kurz vor dem Zusammenbruch des osmanischen Reiches geboren, ging sie mit ihrer Familie nach Paris ins Exil, nachdem Mustafa Kemal Atatürk das Kalifat abgeschafft hatte. Der Schah von Persien, Reza Schah, und der ägyptische König Fouad I. wünschten eine Ehe der Prinzessinnen mit ihren Thronfolgern, doch am Ende machte der Nizam von Hyderabad das Rennen um die Schönheiten. Außerdem hoffte er, dass seine Familie vielleicht irgendwann einmal das Kalifat übernehmen würde.

Gleichzeitig entwickelte er einen Plan B und verheiratete seinen jüngeren Sohn Muzzam Jah mit der Cousine der Prinzessin, die ebenfalls zur ehemals regierenden Familie gehörte. Im Gegensatz zu ihrem Vater, der sich den Ruf eines Geizhalses verdient hatte, genossen seine Söhne das Leben der Schönen und Reichen und gaben das Vermögen mit vollen Händen aus. Kosten spielten bei ihren Ausflügen nach Europa

MMF 2525

MMF 2525

Komfort im Fond des Rolls-Royce aus Hyderabad. (© Makarand Baokar)

zusammen mit ihren Frauen keine Rolle, und natürlich kauften sie einen Luxuswagen nach dem anderen. So rollten nach und nach zwei Duesenbergs, ein Mercedes-Benz SS, ein Auburn V12 (heute in der Sammlung Bhogilal), Cadillacs, Bentleys, Packards (ein 120 gehört heute ebenfalls zur Sammlung Bhogilal), Jaguars und natürlich mehrere Rolls-Royce in die Garage der Fürsten. Azam Jah erbte außerdem den Silver Ghost seines Vaters (Fahrgestellnummer 2117) und kaufte einen neuen 20/25 HP (Fahrgestellnummer GTK19) mit einer Cabriolet-Karosserie von Windovers.

Das spektakulärste Fahrzeug war zweifellos der Phantom III (Fahrgestellnummer 3CP116). Das von Windovers hergestellte Cabriolet besaß eine senfbraune Lackierung, wobei die hinteren Kotflügel sowie die Abdeckungen der Reserveräder in kastanienbraun ausgeführt war. Das rote Verdeck verschwand unter einer Abdeckung aus Angorawolle. Die Wappen der königlichen Familie und ein Monogramm zierten die Fronttüren. Als Kühlerfigur wurde die berühmte Emily durch eine gläserne Figur von Lalique abgelöst, die rot oder blau beleuchtet werden konnte.

Im Innenraum setzte sich die exklusive Ausstattung fort. Es dominierte bestens verarbeitetes Leder für die Sitze und den vorderen Bodenbelag. Im Fond war der Boden mit einem Teppich bedeckt. Der Lenkradkranz bestand aus Elfenbein, und die rot getönten Scheiben des Rolls waren aus Triplex-Glas gefertigt. Damit die fürstlichen Passagiere während der Fahrt nicht verdursteten, sorgte eine eingebaute Bar mit einem Syphon und drei großen Kristallgläsern für Getränke. Thermosflaschen waren in den Armlehnen untergebracht, und auch ein diskret als Sprechtrichter getarnter Spucknapf befand sich im Fond. Zwei Revolver-Halfter waren an beiden Seiten der Armaturentafel montiert.

Der hier abgebildete Rolls-Royce aus der Garage von Muazzam Jah wirkt da vergleichsweise nüchtern. Dabei handelt es sich um eine der 25 von Park Ward aufgebauten Silver-Wraith-Limousinen. 1947 hergestellt, hat der Rolls einen Reihensechszylinder mit einem Hubraum von 4257 ccm, der bereits die Limousinen der Vorkriegszeit angetrieben hatte, allerdings mit einen neuen Zylinderkopf mit oben liegenden Einlass- und seitlichen Auslassventilen aufgerüstet worden war. Die Silver Wraith besaßen einen Radstand von 3,23 Metern, eine unabhängige Aufhängung mit Schraubenfedern vorn und einer hinteren an Blattfedern geführten Starrachse. Zwischen 1946 und 1959 rollten 1883 Silver Wraith auf die Straßen.

Muazzam und Nilofer trennten sich 1952. Muazzam starb 1987 in Hyderabad, Nilofer zwei Jahre später in Paris. Ihr Rolls gehört heute zur Sammlung von Pranlal Bhogilal, der ihn bereits vor Jahrzehnten dem Autohändler Dadajee Dhackjee in Mumbai abkaufte.

Daimler DE36, 1948

Der Maharadscha von Mysore, Jayachamaraja Wodeyar, taucht in diesem Buch häufiger auf, was natürlich daran liegt, dass dieser Automobil-Liebhaber einige der interessantesten Nachkriegsmodelle besaß. Dazu gehört auch dieser ganz besondere Daimler. Der Maharadscha hatte die Angewohnheit, gleich mehrere Modelle einer Marke zu kaufen, wenn er sich für einen Hersteller begeisterte. Deshalb gönnte er sich gleich sechs Bentleys und kaufte in den 1940er und 1950er Jahren fünf Daimler.

Dieser 1948 gebaute Daimler DE36 war eigentlich nicht für die fürstlichen Garagen bestimmt. Tatsächlich gehörte der Wagen zu einer Daimler-Flotte, die von der australischen Regierung für den Besuch von König George VI. bestellt worden war. So die Recherchen des Marken-Historiker Peter Ruifrock. Doch dann wurde der König krank und verstarb 1952, sodass der Besuch niemals stattfand. Australiens Regierung besaß nun sechs große Daimler DE36, die alle von Hooper aufgebaut worden waren: drei Landaulets, zwei Cabriolets und eine Limousine. Ohne königlichen Besuch waren die Fahrzeuge nutzlos geworden und wurden verkauft. Ein Cabriolet und ein Landaulet fanden so ihren Weg in den Fuhrpark des Maharadschas von Mysore.

Das auf diesen Seiten abgebildete Cabriolet Daimler DE36 trägt die Fahrgestellnummer 51703 und ist ein offener Tourer mit dem Prädikat „allweather" – also Allwetter. Der DE36 war das letzte britische Modell

mit einem Reihenachtzylinder, wurde ab 1946 hergestellt und besaß vorn eine unabhängige Aufhängung mit Schraubenfedern sowie hydraulische Bremsen. Der Motor hatte zum ersten Mal einen abnehmbaren Zylinderkopf, einen Hubraum von 5460 ccm und eine Leistung von rund 150 PS, was ausreichte, um das 2,8 Tonnen wiegende Mammut auf eine Höchstgeschwindigkeit von 133 km/h zu beschleunigen. Der Fürst benutzte den Daimler in der jährlichen Prozession beim Dussehra-Fest auf dem Weg zum Tempel der Familiengottheit Chamundeshwari. Der wuchtige Daimler konnte es in Größe und Präsenz problemlos mit den Elefanten in der Parade aufnehmen.

Während der bis 1953 dauernden Produktionszeit entstanden lediglich 216 DE36, die allerdings von einer illustren Kundschaft bewegt wurden. Unter anderem zählten der thailändische König Bhumipol, Kaiser Haile Selassi von Äthiopien, der afghanische König Mohammad Zaher Schah, Prinz Talal von Saudi-Arabien und Fürstin Grazia Patrizia von Monaco zur exklusiven Kundschaft.

Das Fahrwerk des DE36 wurde auch für die Sechszylinder-Modelle DE27 und DH27 eingesetzt. Bei Boghilal steht ein DE27 aus dem Jahr 1947 mit einem Hooper-Aufbau, der einst vom Maharadscha von Nawanagar, Digvijaysinhji Ranjitsinhji, bestellt worden war, und der sich nach und nach vier weitere D27 in seinen Fuhrpark stellte. Laut Peter Ruifrok wurden insgesamt 421 Modelle der DE-Baureihe (DE36, DE27, DH27) hergestellt. Von den DE36/DE27 sind nur noch 41 vorhanden. Der Daimler des Maharadschas von Mysore ist der einzige DE36 in Indien.

Hooper entwarf und baute die Karosserie für den Daimler DE36, der den Fuhrpark des Maharadschas von Mysore bereicherte. (© Makarand Baokar)

Der Bentley Mk VI aus dem Jahr 1946 mit einer Karosserie von James Young beförderte einst den Maharadscha von Mysore.
(© Makarand Baokar)

Zweitürige Limousine Bentley Mk VI, 1948

Der Maharadscha von Mysore, Jayachamaraja Wodeyar, wählte für seinen Fuhrpark zumeist eher unauffällige Modelle, die allerdings das gewisse Extra besaßen. Dazu gehörte auch der zweitürige Bentley Mk VI (Fahrgestellnummer B125AJ), der bei James Young eingekleidet worden war. Der Bentley gehört zu einer Flotte von sechs Wagen der Marke, die sich der Maharadscha gegen Ende der 1940er Jahre zulegte.

Mit dem Mk VI gelang es Bentley nach dem Zweiten Weltkrieg, auf die Erfolgsspur zurückzukehren. Je nach Zählweise entstanden 4946 oder 5208 Exemplare bis zum Produktionsende im Jahr 1952. Technik und Fahrwerk waren die gleichen wie beim Rolls-Royce Silver Wraith, allerdings besaß der Mk VI einen kürzeren Radstand, und außerdem hatten ihm die Techniker des Hauses gleich zwei SU-Vergaser spendiert. Der Silver Wraith nutzte zur Gemischaufbereitung noch immer einen Stromberg-Doppelvergaser.

Serienmäßig hatte die zweitürige Limousine eine Werkskarosserie, die gleichzeitig dezent und elegant war. Mit seiner flachen und eleganten Silhouette passte das Modell perfekt in die Nachkriegszeit. Kurz: Es war das passende Fahrzeug zur richtigen Zeit. Nach dem Krieg machte sich ein wenig Bescheidenheit ganz gut, und ein Rolls-Royce galt als etwas protziger.

Auch der stark von Europa beeinflusste Maharadscha von Mysore zog den dezenten Auftritt in einem Bentley vor, auch wenn er sich auf der Stelle in den 1949 auf dem Pariser Automobilsalon ausgestellten Delahaye 175 (Karosserie Figoni & Falaschi) verliebt hatte. Außerdem entsprachen seine Bentleys nicht unbedingt der Serie. Er besaß auch luxuriösere Modelle, die in Handarbeit bei den bedeutendsten Karosserieschneidern

der Welt hergestellt wurden. Dieser Mk VI entstand bei James Young, wo inzwischen „Mac" McNeil, der bereits in den 1930er Jahren für J. Gurney Nutting einige atemberaubende Modelle entworfen hatte, arbeitete. Gleichzeitig wurde er bei J. Gurney Nutting zum Chefdesigner berufen. An diesem Modell lassen sich alle für ihn typischen Elemente ausmachen: fließende Linien, Gamaschen vor den Hinterrädern, rahmenlose Türen und eine flache Silhouette. Heute gehört dieses außerordentlich bemerkenswerte Modell zur Sammlung Bhogilal.

Der Mercedes-Benz
300 Sc gehörte einst dem
König von Sikkim.
(© Makarand Baokar)

Mercedes-Benz 300 Sc, 1956

Nach den Zerstörungen des Zweiten Weltkriegs war es vor allem der unverwüstliche 170V, der Mercedes-Benz am Leben hielt. Zwischen 1947 und 1949 entstanden in Stuttgart rund 23.000 Personenwagen und 11.000 Nutzfahrzeuge auf den Produktionsanlagen des 170V. Gleichzeitig reiften Pläne, wieder ins Luxussegment zurückzukehren. Das Ergebnis war 1951 die 300er Modellfamilie mit 2996 ccm großen Reihensechszylindern. Es handelte sich um technisch konventionelle Autos, die zum Teil noch auf den Vorkriegsmodellen basierten, aber als exzellent verarbeitet und sehr zuverlässig galten.

Unter den zahlreichen Varianten war das zweitürige Cabriolet die mit Abstand die seltenste Version. Der Mercedes-Benz 300 Sc auf diesen Seiten stammt aus dem Jahr 1956 und war zu seiner Zeit eines der teuersten und luxuriösesten Fahrzeuge. Das heute in der Sammlung Bhogilal gepflegte Exemplar war früher das Lieblings-Auto des letzten Königs von Sikkim, Thondup Namgyal. Das Königreich im Nordosten Indiens war seit seiner Gründung unabhängig, wurde zwischen 1890 und 1949 britisches Protektorat und gelangte dann unter indische Schutzherrschaft. 1975 annektierte Indien Sikkim und integrierte den Staat in die indische Union. Das Königreich war 1642 entstanden, als drei aus dem Osten stammende buddhistische Lamas Phuntsog Namgyal zum ersten König beförderten. Der letzte König Palden Thondup war der zwölfte Herrscher dieser Linie.

Der Mercedes wurde angeschafft, als noch sein Vater, Sir Tashi Namgyal, auf dem Thron saß. Der Kronprinz war eng in die Regierungsgeschäfte eingebunden und diente seinem Vater als Ratgeber in Fragen der inneren Angelegenheiten des Königreichs. Nach der Unabhängigkeit Indiens führte er die Verhandlungen, um die besonderen Verbindungen zu Indien zu definieren. 1950 heiratete er Sangey Deki, die aus einer bedeutenden tibetanischen Familie stammte und bereits 1957 verstarb.

Im Jahr 1963 traf Palden Thondup Namgyal die 22-jährige Amerikanerin Hope Cooke und verliebte sich in die gut aussehende junge Frau. Nach einer filmreifen Liebesgeschichte schritten sie zum Traualtar – die Story verschaffte dem im

MRA 3322

Die Armaturentafel des Mercedes-Benz war vorbildlich verarbeitet. (© Makarand Baokar)

Rest der Welt so gut wie unbekannten Sikkim Schlagzeilen, wie es sie bis dahin nicht gegeben hatte. Kurz nach der Hochzeit starb im Jahr 1965 sein Vater, und Palden Thondup wartete auf Rat der Hof-Astrologen hin noch einen Tag, bis er sich zum König krönen ließ. 1973 brachen in Sikkim Unruhen aus, nachdem bei einer Kommunalwahl vermutlich getrickst worden war. Indira Ghandi nutzte die Gelegenheit und schickte 1975 Soldaten nach Sikkim, um das Königreich als 22. Bundesstaat in die indischen Union einzugliedern. Nach der erzwungenen Integration war Palden Thondup Namgyal nur noch ein einfacher indischer Bürger wie Millionen andere Menschen auch.

Einige Jahre später zerbrach seine Ehe, und 1977 kam sein ältester Sohn Tenzing bei einem Autounfall ums Leben. Einsam und mit gebrochenem Herzen starb Palden Thondup Namgyal 1982 an einer Krebserkrankung. Der 300 Sc des Königs bekam bald mit Pranlal Bhogilal einen neuen Besitzer. Der Sc war Ende 1955 auf vorgestellt worden und unterschied sich vom S durch die Benzineinspritzung, die ihm 175 PS verlieh. Der Dreihunderter war auch in Hollywood beliebt – Clark Gable hatte einen und bezeichnete ihn als sein Lieblingsauto. Mit 12.000 Dollar war der Sc außerdem noch einmal erheblich teurer als der damalige Super-Mercedes 300 SL. So entstanden zwischen 1956 und 1958 nur 56 Exemplare, von denen die meisten noch immer existieren.

Für Zeitgenossen, die ein repräsentatives Fahrzeug suchten, hatte Mercedes-Benz den 300 als Limousine oder als viertüriges Cabriolet im Programm. Auf den König von Sikkim wartete daher neben dem Luxus-Cabriolet auch eine 300er-Limousine in seiner Garage.

300 S

MORS

Der charakteristische Kühlergrill des Mors. (© Makarand Baokar)

Die anderen seltenen Stücke

Mors, 1906

Der französische Ingenieur Emile Mors war einer der Pioniere der Automobil-Industrie und begann seine Laufbahn mit der Entwicklung von Automobilen, die von einem Zweizylinder-Boxermotor mit Luftkühlung angetrieben wurden. Kurze Zeit später verdoppelte er die Zylinderzahl und ließ die Hubräume über 2,3 auf 2,8 Liter wachsen, bis er 1908 einen V4-Motor mit unvorstellbaren 12.831 ccm und atemberaubenden 100 PS konstruierte. Mors gelangen zwar technische Wunderwerke, doch waren seine kaufmännische Fähigkeiten vergleichsweise unterentwickelt. Daher stellte er im Jahr 1908 einen gewissen André Citroën ein, um die Verkäufe anzukurbeln.

Mors gehörte auch zu den ersten Marken, die sich an Rennen beteiligte. Bereits 1897 hatte man Emile Mors davon überzeugt, dass Automobilrennen bei der technischen Entwicklung helfen konnten und sich auch bestens für die Werbung eigneten. Zur Jahrhundertwende beherrschten daher vor allem Panhard und Mors die Rennen. Die ersten Rennwagen besaßen ausnahmslos Reihenmotoren, doch Mors war eine der ersten Marken, die V-Motoren einsetzte, was die Rennwagen leichter und kompakter werden ließ. Der Mors 60 CV Grand Prix wurde zum Beispiel von einem Seitenventil-V4 mit einem Hubraum von zehn Litern und Magnetzündung angetrieben, der 60 PS bei 950 Umdrehungen leistete. Die Leistung des Motors, der in einem Stahl-Fahrwerk montiert war, wurde an die mit Bremsen ausgerüsteten Hinterräder über ein Vierganggetriebe sowie Ketten übertragen. 1902 war Mors auch einer der ersten Hersteller, der seine Boliden mit Stoßdämpfern ausrüstete, was auf den schlechten Straßen der damaligen Zeit ein fast unschlagbarer Vorteil war.

Henri Fournier war eines der ersten Idole der Rennsportszene und gewann unter anderem eines der damals bedeutendsten Rennen, Paris-Berlin. Kurz vor der Ehrenrunde kollabierte allerdings das Getriebe seines Mors. Im Jahr 1908 beendete Mors sein Engagement im Motorsport, und die geplante Rückkehr auf die Rennpisten wurde später vom Ausbruch des Ersten Weltkriegs verhindert. Nach Kriegsende übernahm Citroën die Mors-Fabrik, um seine eigenen Automobile zu bauen.

Der Mors in der Sammlung Bhogilal stammt aus dem Jahr 1906, und wahrscheinlich handelt es sich dabei um ein Model N, das von einem V-Vierzylinder mit 4,6 Litern Hubraum und 18 Steuer-PS angetrieben wurde. Der Wagen wurde im Staat Assam in Ostindien entdeckt. Über seine Vergangenheit ist leider nichts bekannt. Assam ist für seine Teeplantagen und die sehr reichen Großgrundbesitzer berühmt, doch gab es dort bis in die 1930er Jahren kaum befahrbare Straßen. Wer hat also einen Mors gekauft, um ihn dann dort irgendwo im Nichts abzustellen? Die Antwort auf diese Frage verbirgt sich im Dunkel der Geschichte.

Bhogilal und sein seltener Mors aus dem Jahr 1906. (© Makarand Baokar)

BLD 888

Der Bentley 8-Liter aus dem Jahr 1930 mit der Tourer-Karosserie, die Bhogilal selbst entworfen hat. (© Makarand Baokar)

Bentley 8-Liter, 1931

In einem sind sich Bentley-Liebhaber einig: Die einzigen „echten Bentleys" sind die von W. O. Bentley entwickelten Modelle, die zwischen 1919 und 1934 bis zur Übernahme der bankrotten Manufaktur durch Rolls-Royce gebaut wurden. Die ersten Bentleys waren äußerst leistungsstarke Sport- und Rennwagen, die Rennen auf den wichtigsten Pisten Europas gewannen. Sogar der berühmte Schnellzug Train Bleu zwischen Paris und Nizza wurde von einem Bentley-Fahrer herausgefordert und am Ende um eine Nasenlänge geschlagen. Auch wenn Ettore Bugatti die britischen Konkurrenten wegen ihrer Abmessungen als „die schnellsten Lastwagen der Welt" verhöhnte, konnte niemand an den Leistungen dieser ersten Bentleys zweifeln, die auf allen Strecken dominierten und die 24 Stunden von Le Mans bis 1930 fünf Mal gewannen.

Rund 50 Bentleys wurden damals direkt nach Indien exportiert, darunter 33 frühe Dreiliter-Modelle, sechs 6,5-Liter, acht 4,5-Liter und ein 4,5-Liter mit Kompressor. Von dem wuchtigen Achtliter fand kein Exemplar den direkten Weg nach Indien, doch

Die Suchscheinwerfer und weitere Details des Bentley 8-Liter. (© Makarand Baokar)

heute existieren zwei mit den Fahrgestellnummern YR5083 und YF5014 auf dem Subkontinent. YR5083 besitzt einen modifizierten Motor und ein von McKenzie tiefer gelegtes Fahrwerk – eins von nur zwei so gebauten Modellen.

Doch auf diesen Seiten steht YF5014 im Mittelpunkt. Dieser Bentley wurde als Limousine von A. Mulliner gebaut und an einen gewissen E. G. Guest ausgeliefert. Bhogilal entdeckte den Bentley in den 1970er Jahren in Assam, wo er ihn in einem sehr schlechten Zustand kaufte. Aus der Limousine war irgendwann ein viertüriges Cabriolet geworden, und weil Bhogilal bald klar wurde, dass die gesamte Karosserie neu aufgebaut werden musste, beschloss er einen eigenen Entwurf zu verwirklichen. Unter dem Namen „Torpedo Tourer" entstand die wahrscheinlich seltsamste Karosserie, die jemals über einen Bentley-Achtliter gestülpt wurde.

Auf jeden Fall war der Achtliter ein sehr spezielles Fahrzeug. Der aus dem 6,5-Liter und der Sportversion Bentley Speed 6 entwickelte Antrieb war ein Sechszylinder mit 7983 ccm, der beeindruckende 220 PS leistete und den relativ schweren Bentley auf 160 km/h beschleunigte, was ihn zu einem der schnellsten Fahrzeuge der Welt machte. Der Motor besaß die damals modernste Technik: vier Ventile je Zylinder und Doppelzündung. Mit einem Radstand von 3,66 Metern (daneben war ein Radstand von knapp vier Metern lieferbar) war der Bentley eine beeindruckende Erscheinung. Das galt auch für den Preis. Nach der Markteinführung 1930 entstanden nur rund 100 Exemplare, bis das Unternehmen 1931 in die Pleite rollte.

Der MG Magna (1931) gehört zu den seltenen Modellen der Sportwagenmarke. (© Makarand Baokar)

MG Magna F1 12/70 Six, 1931

Das genaue Gründungsdatum der Marke MG (wahrscheinlich war es 1924) ist unbekannt, doch eine Tatsache ist unumstritten. Gegen Ende der 1920er Jahre hatten die Fahrzeuge der Morris Garage (MG) von Cecil Kimber einen ungeheuren Erfolg. So fanden 400 Super Sport 14/28 ihre Käufer. Die Einführung des MG Midget im Jahr 1929 besiegelte den Erfolg des Spezialisten für bezahlbare Sportwagen. Der kleine Sportler wurde von einem Vierzylinder mit 847 ccm und 30 PS angetrieben und ließ sich binnen dreier Jahre 3235 Mal verkaufen. Gleichzeitig beschloss Kimber, sich mit dem 18/80 MkII ernsthaft in die Rennwagenproduktion zu wagen. Der Sechszylinder mit 2468 ccm leistete 60 PS und ließ sich auf 130 km/h beschleunigen, was damals eine Ansage war. Allerdings war der auf dem Morris Twenty Five aufbauende 18/80 teurer und schwerer als der Midget, was eine große Lücke zwischen den beiden Modellen öffnete.

Kimber beauftragte daher seine Ingenieure mit der Entwicklung des Magna F, der 1931 vorgestellt wurde. Nachdem man den Erfolg des Wolseley Hornet beobachtet hatte (Morris hatte das Unternehmen 1927 übernommen), setzten die MG-Ingenieure beim Magna auf ein verlängertes und dynamischeres Midget-Fahrwerk (2,39 Meter gegenüber 1,96 beim Midget). Den Sechszylinder (1271 ccm, 37, später 41 und dann 47 PS) übernahmen sie vom Hornet.

MG

Bestens restauriert rollt der MG Magna in seine zweite Karriere. (© Makarand Baokar)

Er beschleunigte das zweisitzige Leichtgewicht von 480 Kilogramm auf 120 km/h. Mit seinen obenliegenden Nockenwellen und SU-Doppelvergaser hatte man dem Magna modernste Technik spendiert, ein beachtliches Drehmoment und eine beeindruckende Beschleunigung. Eine aufgeladene Version mit verringertem Hubraum (1087 ccm), der auch im K2 eingebaut war, beschleunigte den Magnette K3, mit dem die italienische Rennfahrer-Legende Tazio Nuvolari 1933 die Ulster Tourist Trophy in Nordirland gewann.

Zwar war der Magna gegenüber dem Midget das bessere Fahrzeug, er war aber auch wesentlich teurer und verkaufte sich daher nur 1250 Mal. Die zweisitzige Variante ist besonders selten. Nur 114 bis 129 Exemplare wurden hergestellt, und nur ganz wenige haben bis heute überlebt, sodass das Exemplar von Bhogilal einen besonderen Schatz darstellt.

Der Invicta S100 entstand 1932. (© Makarand Baokar)

Invicta S100, 1932

Am Ende dieses Buchs steht die Geschichte des Invicta Black Prince, ein seltenes technischen Wunderwerk, das nach dem Zweiten Weltkrieg auf die Straßen kam. Doch schon vor dem Krieg hatte sich Invicta mit dem schnellsten Automobil der 1930er Jahre einen Namen gemacht. Das Unternehmen war von Captain Albert Noel Campbell Macklin, später Sir Noel, gegründet worden. Der Automobil-Liebhaber und ehemalige Rennfahrer wollte seine Erfahrungen (er hatte sich bereits einmal als Automobilhersteller versucht) nutzen, um Automobile für Liebhaber zu entwickeln, „die Leistung ohne Anstrengung" schätzten. Macklin schwebte ein Fahrzeug vor, das leicht zu fahren war, eine außerordentliche Beschleunigung sowie eine gute Straßenlage und einen kraftvollen Motor besaß.

Im Jahr 1925 war das Werk in der Garage seines Landhauses vollbracht. Macklin tauschte den ursprünglich vorgesehenen Zweiliter von Coventry Climax gegen einen 2,5-Liter-Meadows-Sechszylinder, einen Langhuber mit beachtlichem Drehmoment. In dieser Version erfüllte der Invicta alle Wünsche seines Schöpfers, der sich nun entschloss, den Wagen auf den Markt zu bringen. Obwohl für die Kraftübertragung ein Vierganggetriebe an Bord war, wurde den Invicta-Besitzern angesichts des sagenhaft elastischen Motors empfohlen, nur die Gänge Eins und Vier zu nutzen. Später gebaute Exemplare besaßen

Sportlichkeit und Eleganz zeichnen den Invicta S100 aus. (© Makarand Baokar)

Antriebe mit drei und mit 4,5 Litern Hubraum.

Der 4,5-Liter-Motor (4467 ccm) hatte derart viel Drehmoment, dass sich bereits bei Tempo 10 der vierte Gang einlegen ließ. In dem beschleunigte der Wagen mühelos und geschmeidig bis zur Höchstgeschwindigkeit von mehr als 150 km/h. Den 4,5-Liter gab es mit zwei Radständen von drei und 3,2 Metern sowie mit zwei Fahrwerken. Typ A lag etwas höher. Das tiefer gelegte Fahrwerk Typ B war die sportlichere Variante mit flacher angeordneten Federn im Heck. Der S100 war das erste britische Fahrzeug, das die Schallmauer von 100 Meilen (160 km/h) durchbrach und seine Bezeichnung dieser Marke verdankte. Das Exemplar in der Sammlung Bhogilal besitzt die später gebaute Variante mit kurzem Radstand.

Invicta-Modelle waren auf den Rennstrecken erfolgreich und sicherten sich bedeutende Siege bei Langstreckenrennen ebenso wie auf der Rundstrecke. Die Schwiegertochter von Noel Macklin, Violet Cordery, siegte häufig im Jahr 1930, und Donald Healey sorgte mit seinem Sieg bei der Rallye Monte Carlo 1931 für einen historischen Erfolg. Dennoch waren die Tage der Marke gezählt. Die große Depression am Anfang der 1930er Jahre riss Macklins Unternehmen in den Abgrund, und der letzte Invicta entstand 1937. Nach dem Zweiten Weltkrieg wurde die Marke allerdings wiederbelebt.

Der S100 von Bhogilal gehört zu den 77 Exemplaren, die zwischen 1931 und 1935 gebaut wurden und von denen nur eine Handvoll überlebt haben.

Rolls-Royce Phantom V, 1965

Der Phantom V, der im Jahr 1959 vorgestellt wurde, war der erste Phantom seit 20 Jahren, der in Serie gebaut wurde. Der Phantom IV wurde nur auf Bestellung gebaut. Aufbauend auf dem Silver Cloud und angetrieben von einem V8 mit 6,2 Litern, der auch den Silver Cloud und den Bentley SII antrieb, war der Phantom deutlich länger und besaß einen Radstand von 3,68 Metern. Das waren immerhin 56 Zentimeter mehr als beim Standardfahrwerk des Silver Cloud. Natürlich war die Limousine auch deutlich schwerer und benötigte daher ein verstärktes Fahrwerk, um die zusätzlichen Kilos zu meistern. Der längere Radstand bedeutete aber gleichzeitig einen größeren Innenraum, sodass zwei zusätzliche Sitze im Fond platziert werden konnten. Zusätzlich fand sich noch ausreichend Platz für eine kleine Bar. Die Armaturentafel und die Türinnenseiten waren aus Nussbaum gefertigt. Im Innenraum konnten die Kunden zwischen Leder und Stoff wählen.

Die Luxuslimousine erfreute sich bei der betuchten Kundschaft (von Königin Elisabeth II. bis zu Elton John) großer Beliebtheit. Zwischen 1959 und 1968, als der Nachfolger Phantom VI auf den Markt kam, entstanden 516 Exemplare. James Young war für 196 und Hooper für 13 Exemplare verantwortlich. Die restlichen 307 Modelle entstanden bei Mulliner Park Ward. Mulliner und Park Ward hatten sich 1961 unter der Führung von Rolls-Royce zusammengeschlossen.

Der Hohe Britische Kommissar kaufte diesen Phantom V (Fahrgestellnummer 5VD65) mit Karosserie von Mulliner Park Ward im Jahr 1965 und nutzte ihn für seine Auftritte. Danach wurde die Limousine von der State Trading Corporation angeboten, woraufhin Bhogilal zugriff und sich den Wagen für seine Sammlung sicherte.

In dem Rolls-Royce Phantom V aus dem Jahr 1965 ließ sich der britische Hochkommissar in Indien chauffieren. (© Makarand Baokar)

Der Doktor und seine Autos

Viele Sammler antiker Automobile sind Industrielle und wohlhabende Geschäftsleute. In diesem Kapitel ist die Rede von einem Kardiologen, der eine der bedeutendsten Sammlungen in Indien zusammengetragen hat. Dr. Ravi Prakash ist ein großer Liebhaber betagter Automobile, und diese Leidenschaft führte zu einer Sammlung, die aus 108 Fahrzeugen und 27 Motorrädern besteht. Viele davon sind auf seinem Wohnsitz Kala Farm am Rand von Bangalore (der indischen IT-Metropole) in fünf Garagen untergebracht. Das Haus selbst ist ebenfalls eine Art Zeitreise durch die Geschichte des Automobils.

Für den Herzspezialisten Dr. Prakash begann die Leidenschaft im Alter von acht Jahren, als er auf dem Schoß des Chauffeurs seines Vaters saß und das Lenkrad eines Jeeps umklammerte, der gerade angelassen wurde. Im Laufe der Zeit nahm seine Begeisterung für schöne Automobile weiter zu, die durch einige Ereignisse genährt wurde. Als 19 Jahre alter Medizinstudent nahm er in seiner Heimatstadt Mysore an einer nächtlichen Rallye teil, die er gewann und mit einem Pokal nach Hause zurückkehrte. Im Laufe der Jahre kamen noch mehr als 100 Pokale hinzu. 72 Mal stand er auf dem Podium. Dabei spielte keine Rolle, ob es sich um indische Rallyes wie Karnataka 1000 und Charminar Challenge oder um Rundstreckenrennen in Barrackpore handelte – Prakash stand am Start, bereit zu siegen.

Sein Hunger nach Geschwindigkeit ließ sich nicht stillen. Ihn faszinierte jede Facette aus der wunderbaren Welt der Automobile. Als ihm sein Mentor, General Mahadevan, einen Sunbeam aus dem Jahr 1937 überließ, entbrannte die Leidenschaft für antike Automobile, die ihn zum Sammler werden ließ.

Die Kollektion enthält Exponate aus allen Epochen – vom Dampflastwagen Sentinel aus dem Jahr 1906 bis zum Mercedes-Benz 500 SEL von 1982. Einige, wie der betagte Wolseley aus dem Jahr 1909 oder ein Ford T von 1915 (der älteste noch laufende in Indien), der revolutionäre Lancia Dilambda oder der Jaguar E-Type (ein früher Serie 1 von 1961) stehen jeweils beispielhaft für die eigene Zeit. Dazu kommen extreme Raritäten wie ein Lanchester von 1928 und ein Delage von 1930.

Der Lanchester gehörte übrigens Motilal Nehru, Vater des späteren indischen Premierministers Jawaharlal Nehru. Motilal Nehru benutzte das Fahrzeug, als er Vorsitzender der indischen Kongresspartei war. 1929 wurde er von seinem Sohn mit der Unterstützung von Mahatma Ghandi abgelöst, der als Vater der indischen Unabhängigkeit in die Geschichte einging. Motilal Nehru benutzte den Wagen bis zu seinem Tod am 6. Februar 1931. Der Lanchester wurde danach vom Gouverneur der Provinz Madras gefahren, bis er schließlich in die Sammlung von Dr. Ravi Prakash rollte.

Der im Jahr 1928 gebaute und nach Indien verschiffte Lanchester war eines der ersten

Modelle der Marke mit einem Reihen-Achtzylinder, der unglaublich leise lief. Heute existieren von dem Modell angeblich nur noch elf Exemplare weltweit. Das von Dr. Prakash ist das älteste noch laufende und mit dem ältesten Motor ausgerüstete Exemplar dieser Baureihe. Das Cabriolet mit Bootsheck wurde drei Jahre lang restauriert. Nachdem er weltweit nach Teilen gesucht hatte, wurde Prakash schließlich in Indien fündig, um eines seiner Lieblingsmodelle wieder auf die Straße zu bringen, das er nun regelmäßig bei Veranstaltungen vorstellt.

Der Mediziner ist außerdem sehr stolz auf seinen Austin Healey 100/6 aus dem Jahr 1956, mit dem er immer wieder Ausflüge unternimmt. Außerdem bewegt er seine sechs Jaguars regelmäßig. Darunter sind ein äußerst seltener Drophead Mk V aus dem Jahr 1950, ein Mk I 3,4 Liter von 1959 und ein Mk II 3,4 Liter von 1962. Die meisten seiner Autos werden bei verschiedenen Veranstaltungen in Bangalore gezeigt und gefahren, schließlich ist der Mediziner auch noch Generalsekretär des Karnataka Vintage and Classic Car Club. Einige seiner Sammelstücke haben einst in den Garagen der Mahradschas gestanden. So stammt sein erstes Fahrzeug, der Sunbeam Talbot von 1937, aus dem Fuhrpark des Maharadschas von Travancore, einem Fürs-

Die Familie und einige ihrer Mercedes-Schätze: Sabena und Ravi Prakash mit ihren Töchtern Shefali und Rupali sowie (im Uhrzeigersinn) einem Nürburg, einem Stuttgart, einem 500 SEL, einem 170 und einem 320.
(© Makarand Baokar)

Im Jahr 1906 entstand der Dampflastwagen Sentinel. Darunter der Lanchester Straight 8 von Motilal Nehru und der Jaguar XK 140 aus der Sammlung Dr. Prakash. (© Makarand Baokar)

tentum im Süden Indiens. Der Jaguar MkII stand in der Garage des Maharadschas von Udaipur, und der Wolseley von 1909 diente einst der königlichen Familie von Cooch Behar.

Drei Fahrzeugen gönnen wir auf den folgenden Seiten einen größeren Auftritt: einem Mercedes-Benz Nürburg, Baujahr 1929, aus dem Fuhrpark des Maharadschas von Rajkot, einem Delage, der französisches Flair an den Hof von Indore brachte, und dem Mercedes 320 aus dem Jahr 1934, der einst in der Garage der königlichen Familie von Darbhanga stand.

Was 1979 als Hobby begann, hat sich im Laufe der Jahre zu einer packenden Beschäftigung entwickelt. Als nächstes plant Prakash den Bau eines zwei Hektar großen Museums auf seinem sechs Hektar messenden Grundstück. Dort sollen neben den Autos auch die Motorräder ausgestellt werden. Der Mediziner besitzt einige Harley-Davidsons sowie indische Motorräder aus der Vorkriegszeit, eine Sunbeam S7, eine Triumph Tiger 1100, ein Militärmotorrad Norton 650 und viele weitere Maschinen. Auch andere Sammler sollen hier ihre Schmuckstücke präsentieren können. Vervollständigt werden soll das ganze durch Fotografien, Souvenirs, eine Bibliothek und eine öffentliche Werkstatt, in der die Fahrzeuge restauriert werden.

Blick in die Garage des Dr. Prakash: Buick Super Cabriolet, Ford Model T und Jaguar E-Type. (© Makarand Baokar)

Mercedes-Benz Nürburg, 1929

Nach der Fusion der beiden Unternehmen Daimler und Benz machten die S- und die SS-Modelle die fettesten Schlagzeilen für Mercedes-Benz. Daneben rollten aber auch wesentlich praktischere Automobile zu den wohlhabenden Kunden. Zu diesen Brot-und-Butter-Modellen – sofern sich dieser Begriff überhaupt auf Mercedes anwenden lässt – gehörte der 18/80 PS Nürburg 460.

Auf dem Pariser Salon 1928 wurde der große Mercedes der Öffentlichkeit präsentiert. Das Modell war vor allem für eine Kundschaft entwickelt worden, die eine praktische und dabei luxuriöse Art der Fortbewegung suchte, also eine Art S-Klasse der Vorkriegszeit. Natürlich war der für die Vorstellung gewählte Termin kurz vor der großen weltweiten Wirtschaftskrise nicht glücklich, doch ging die Geschichte für den Nürburg einigermaßen glimpflich aus. Schon kurz nach dem Beginn der am Ende elf Jahre dauernden Produktionszeit war der Nürburg bei den Schönen und Reichen dieser Welt sehr beliebt. Daimler-Benz hatte eine eigene Karosserieabteilung und bot das Modell als Cabriolimousine, Limousine, Cabriolet und sogar als Roadster an. Papst Pius XI. spendierte das Unternehmen eine Spezialkarosserie auf einem Pullman-Fahrwerk des großen Mercedes.

Der Nürburg war das erste Serienmodell mit einem Achtzylindermotor und trägt den Namen der Burg, die auch Pate stand für die weltberühmten Rennstrecke in der Eifel, was

Der Maharadscha von Rajkot ließ sich einst in diesem Mercedes Nürburg vorfahren. (© Makarand Baokar)

aber weniger eine Referenz an die Sportlichkeit, sondern vielmehr an die Zuverlässigkeit darstellt. Während der Ausdauertests auf dem Nürburgring rollte der große Mercedes 13 Tage und Nächte lang über 20.000 Kilometer und erreichte dabei eine Durchschnittsgeschwindigkeit von 65 km/h.

Der 1929 entstandene Nürburg 460 aus der Sammlung von Ravi Prakash ist wahrscheinlich eines der am besten erhaltenen Modelle in Indien. Als der Arzt den Wagen Anfang der 1990er Jahre erwarb, sahen die Dinge freilich noch anders aus. Prakash stand vor den Einzelteilen des Mercedes. Die Bestandteile von Motor und Getriebe waren einfach in einen Jutesack gestopft worden. Doch nach einer aufwändigen, sieben Jahre dauernden Restaurierung glänzt der Siebensitzer wieder wie zu seinen besten Zeiten.

Der Nürburg gehörte ursprünglich zur sehr schönen Sammlung des Maharadschas von Rajkot und spiegelte den ausgesprochen guten Geschmack von Thakursahib Dharmenrasinhji Jadeja wider. Neben dem Nürburg standen in seiner Garage unter anderem ein Mercedes 320, ein Hispano-Suiza J125, ein amerikanischer Reo sowie ein Dupont, mehrere Packards und natürlich Rolls-Royces wie ein Phantom I aus dem Jahr 1932 und der Phantom II „Star of India".

Der Fürst legte eindeutig mehr Wert auf Qualität als auf Quantität, was sich auch daran zeigte, dass er im Vergleich zu anderen Herrschern relativ wenige Fahrzeuge besaß.

Im Fond des Nürburg ließen sich auch die schlechten indischen Straßen ertragen. (© Makarand Baokar)

Bei offiziellen Anlässen zeigte er sich in seinem Hispano-Suiza oder in einem Rolls-Royce, und da vor allem im Phantom II. Doch meistens wählte er seine Amerikaner oder einen Mercedes-Benz, und da wiederum war der Nürburg die erste Wahl. Nach seinem Tod während eines Jagdausflugs im Wald von Sasan Gir rollte der Nürburg in den Fuhrpark seines Bruders Pradyumansinhji Jadeja, der ihm auf den Thron gefolgt war.

Doch irgendwann blieb der große Mercedes in der Garage und rostete still vor sich hin, bis er nach Delhi transportiert wurde, um dort restauriert zu werden. Bis Ravi Prakash und sein Mitarbeiter Ravi Kumar die Bühne betraten, tat sich allerdings gar nichts. Die beiden stellten sich der Herausforderung. Während der ohnehin nicht einfachen Restaurierung verstarb Ravi Kumar plötzlich, sodass der Nürburg auf das Landgut von Dr. Prakash gebracht wurde. Dort widmeten sich der Mediziner und sein Mechaniker Paul D'Souza Tag und Nacht der Restaurierung, bis das Schmuckstück wieder im alten Glanz strahlte.

MBM·1405

Der Mercedes 320 stand früher in der Garage des Maharadschas von Darbhanga. (© Makarand Baokar)

Mercedes-Benz 320, 1934

Zu Beginn des 16. Jahrhunderts und nach dem Fall der muslimischen Tughlaq-Dynastie war der Norden der heutigen Region Bihar, damals als Mithila bekannt, gleichsam rechtloses Gebiet. Selbst die Gründung des Mogul-Reiches änderte nichts an dem dort herrschenden Chaos. Kaiser Akbar als der weise Mann, der er war, begriff, dass er einen Brahmanen-Herrscher einsetzen musste, wollte er irgendwann in diesem Teil des Landes Steuern kassieren. Abgesehen davon, dass Brahmanen in Mithila schon immer als Könige geherrscht hatten, war der Wunsch dennoch eine Überraschung, weil diese Kaste gewöhnlich Prediger stellte und das Regieren in den Händen der Kaste der Kshatriya lag.

Dennoch lud Kaiser Akbar den königlichen Prediger Radjpandit Chandrapati Thakur von Garh Mangala (heute in Madhya Pradesch) nach Delhi ein und forderte ihn auf, einen seiner Söhne zu benennen, der Mithila beherrschen und vor allem die Steuern einziehen könnte. Chandrapati Thakur hielt seinen jüngeren Sohn Makesh Thakur für am besten geeignet, und 1557 wurde er von Akbar mit der Aufgabe betraut.

Die Nachkommen von Makesh Thakur sicherten nach und nach die Macht der Familie in allen Bereichen und galten schließlich als die Könige der Region Madhubani, die in der Hauptstadt Darbhanga residierten. In den folgenden beiden Jahrhunderten geriet Bengal unter britische

Das Design des Mercedes 320 ist typisch für die damals in Deutschland beliebte Formensprache. (© Makarand Baokar)

Herrschaft, und Darbhanga wurde wie der größte Teil von Bihar der bengalischen Präsidentschaft zugeschlagen. Die königliche Familie wurde weder von der East India Company noch von der britischen Kolonialherrschaft anerkannt. Dennoch gestattete die britische Verwaltung die Übernahme des Titels eines Maharadschas und später eines Mahardschhiradsch („König der Könige"). Endlich genoss man Rechte und Privilegien eines souveränen Fürsten, ohne dass die Regierung jemals diesen Status verliehen hätte.

Dieser kleine Schönheitsfehler hinderte die Familie nicht daran, sich wie die meisten anderen Fürsten zu bereichern, und bald galt sie als die reichste aller Zamindaris, also jener Adeligen, die den Briten als Feudalherren dienten und in deren Namen sie Steuern eintrieben. Darbhanga Radj erstreckte sich über 6380 Quadratkilometer und 4495 Dörfer, die wiederum von 7500 Angestellten verwaltet wurden. Die Familie investierte in unterschiedliche Branchen, darunter Zucker- und Papierfabriken sowie in Zeitungen und in Walfords, ein Autovertriebsnetz. Als das Unternehmen Mitte der 1980er Jahre liquidiert wurde, fanden die Liquidatoren rund 50 vergessene Automobile – die meisten aus den USA – in zahlreichen Garagen. Was für ein Schatz. Ich kann mich daran erinnern, mindestens zwanzig Buicks, Cadillacs, Chevrolets und Pontiacs, die alle Ende der 1940er Jahre gebaut worden waren, unter einer dicken Staubschicht in einer Walfords-Garage in Kalkutta gesehen zu haben. Weil es für keines der Modelle (mit Ausnahme eines Cadillac-Cabriolet Sixty Two aus dem Jahr 1947) gesetzkonforme Papiere gab, wanderten sie alle in die Schrottpresse.

Maharadscha Kameshwar Singh Bahadur, der von 1929 bis zur indischen Unabhängigkeit 1947 regierte, war in der Öffentlichkeit für seine Automobil-Begeisterung bekannt. Im Laufe der Jahre hatte er knapp 80 Automobile in seinen Fuhrpark gestellt, darunter allein 30 Rolls-Royce. Zwar hatte er eine ausgesprochene Vorliebe für englische Modelle wie Daimler und Bentley, besaß aber auch Buicks, Cadillacs und Packards. Weil das gepflasterte Straßennetz in seinem Herrschaftsbereich gerade 15 Kilometer umfasste, zeichneten sich die meisten Modelle durch sehr überschaubare Laufleistungen aus.

Deutsche Modelle waren in der Darbhanga-Garage eine Seltenheit. Der Mercedes-Benz 320 aus dem Jahr 1934 gehörte zu den wenigen Automobilen ohne angelsächsischen Hintergrund. Der wahrscheinlich häufiger als die Rolls-Royces und die Bentleys eingesetzte Mercedes hatte einen Reihensechszylinder.

Unter den vielen Karosserievarianten war die Cabriolet-Version am beliebtesten, und die hatte auch der Maharadscha gewählt. Daneben gab es den Wagen noch als viersitzige Limousine. Dr. Prakash übernahm den Wagen von Dr. Vijay Mallya, der ihn bei Manvendra Singh in Barwani restaurieren ließ. Als man den 320 in seine Einzelteile zerlegt hatte, löste sich das Fahrwerk in Nichts auf, sodass die Mannschaft von Dr. Prakash den Wagen komplett neu aufbauen musste, was nach zwei Jahren erfolgreich abgeschlossen war. Noch eine Geschichte mit einem glücklichen Ende.

Die Leidenschaft des Advokaten

Im alten Museum von Diljeeet Titus stehen unter anderem ein silberfarbener Buick Serie 90 aus dem Jahr 1935, ein gelbes Cabriolet Buick Super von 1947 und davor ein ein Dodge D-13 aus dem Jahr 1939, ein Rolls-Royce 20/25 von 1934 und im Vordergrund ein Mercedes 170 V. (© Makarand Baokar)

Das erste indische Automobilmagazin, das diesen Namen verdiente, kam im September 1986 in die Kioske. Davor hatte es einige Versuche von begeisterten, aber wenig talentierten Liebhabern gegeben, doch das „Indian Auto Journal" wurde zum ersten Monatsblatt, dass sich ausschließlich mit dem Thema Automobil beschäftigte. Die erste Ausgabe hatte eine Auflage von 10.000 Exemplaren und war innerhalb von nur zwei Wochen vollständig ausverkauft. Bei der dritten Ausgabe hatte das Blatt bereits eine Auflage von 25.000 Exemplaren.

Zum ersten Mal kamen die indischen Automobil-Liebhaber in den Genuss eines Magazins, das sich zu einem vernünftigen Preis ihrer Leidenschaft widmete. Zwar wurden einige britische und amerikanische Magazine importiert, doch ihr exorbitant hoher Preis machte sie sogar für die meisten Inder der Mittelklasse unerreichbar. Außerdem lagen sie ausschließlich in einigen wenigen Buchhandlungen der großen Städte, während „The Indian Auto Journal" im ganzen Land und auch in kleinen Kiosken auf die Käufer wartete.

Damals studierte der 20 Jahre alte Autofan Diljeet Titus Rechtswissenschaften an der Universität von Jabalpur im Bundesstaat Madhya Pradesch im Zentrum von Indien. Der aus Delhi stammende junge Mann empfand die kleine Stadt, die nur wenig Abwechslung bot, als ziemlich anstrengend und zugleich langweilig. Das änderte sich allerdings, als er im September 1986 die erste Ausgabe des „Indian Auto Journal" in Händen hielt.

Von diesem Tag an erwartete er jeden Monat voller Ungeduld die nächste Nummer seines Magazins. Er war süchtig geworden. Bis zu seinem Staatsexamen im Jahr 1989 verpasste Titus nicht eine Ausgabe. Er blieb dem irgendwann einmal in „Indian Auto" umbenannten Blatt bis zur Einstellung im Jahr 2000 treu. Danach abonnierte er alle Automobilmagazine, die auf den Markt kamen – vor allem „Auto India", seit 1993 die Nummer Eins auf dem indischen Markt.

Kurz darauf begann Titus seine Laufbahn als Anwalt und erwarb sich bald einen guten Namen. Nachdem er die Sozietät D. C. Singhania & Co. verlassen hatte, um sich selbstständig zu machen, gründete er 1996 seine Kanzlei Titus & Co. Damals hatte er sich bereits einen ausgezeichneten Ruf als Spezialist für die Finanzierung von Projekten, Fusionen und Übernahmen sowie wirtschaftliche Transkationen erstritten. Er gehört zu den erfolgreichsten und bestverdienenden Anwälte Indiens. Die guten Gewinne gestatteten ihm

bereits 1997 den Erwerb seines ersten antiken Fahrzeugs: eines Austin A40 Devon, den er in den Kleinanzeigen von „Auto India“ aufgespürt hatte.
Die Sammlerleidenschaft hielt den jungen Anwalt fortan in ihrem Bann, und dank der Gewinne aus seiner Firma Titus & Co. wuchs seine Sammlung parallel zu seinem wachsenden Ansehen als Jurist. Heute umfasst sie mehr als 70 Fahrzeuge. Darunter sind längst nicht mehr nur einfache Modelle wie der Austin A40, sondern vielmehr seltene Stücke von einem Haflinger-Allradler aus dem Hause Steyr-Puch bis zu einem hervorragend ausgestatteten Minerva.
Obwohl amerikanische Straßenkreuzer ganz oben auf seiner Jagdliste stehen (er besitzt mehr als 40 Exemplare aus den 1950er Jahren von Auburn, Buick, Cadillac, Chevrolet, Chrysler, Dodge und Ford sowie jeweils einen Hudson, Lincoln, Pierce-Arrow, Stutz Packard und Plymouth), stehen auch Exponate aus anderen Erdteilen in seiner Sammlung: neben dem Haflinger, zwei Mercedes-Benz, einem Peugeot 404 Coupé, einem sehr seltenen Riley Pathfinder, einem Sunbeam Alpine, einem Wolseley aus dem Jahr 1919 sowie einem Triumph Mayflower finden sich zwei Volkswagen und ein sehr seltener Minerva AL.
Dieser Minerva ist wahrscheinlich das schönste Stück der Sammlung. Leider befand sich das Modell gerade beim Restaurator, als dieses Buch entstand und konnte deshalb nicht abgelichtet werden. Von den 33 jemals gebauten Minerva AL existieren heute noch acht Exemplare, darunter das von Titus. „Sechs befinden sich in den USA, einer gehört dem belgischen König, und der achte steht bei mir.“ In den 1920ern bis in die 1930er Jahre stellte Minerva, Belgiens berühmtester

Diljeet Titus, erfolgreicher Anwalt und Sammler antiker Automobile, neben dem Buick Serie 90 von 1935. (© Makarand Baokar)

Dieser Mercedes 170 V gehörte früher der berühmten Bollywood-Schauspielerin Mumtaz und steht heute in der Sammlung Titus.
(© Makarand Baokar)

Hersteller, ebenso luxuriöse wie beeindruckende Fahrzeuge her wie etwa Konkurrent Rolls-Royce. Das ist weniger erstaunlich, wenn man bedenkt, dass ein gewisser Charles S. Rolls Minerva-Angestellter im Vereinigten Königreich war, bis er sich zusammen mit Henry Royce an die Gründung seines eigenen Unternehmens wagte. 1930 brachte Minerva zwei Modelle mit Reihenachtzylinder auf den Markt: den 4,0-Liter AP und den 6,6-Liter AL. Der AL war das Topmodell der Marke, doch mitten in der Wirtschaftskrise war der extrem hohe Preis durchaus hinderlich, sodass nur sehr wenige Exemplare verkauft wurden.
Die Lieblingsmarke der belgischen Könige und der königlichen Familie war auch den indischen Fürsten ein Begriff, und im Laufe der Jahre stieg die Zahl der auf den Subkontinent importierten Modelle deutlich. Die Mischung aus exklusiver Luxusmarke und bester Qualität veranlasste wahrscheinlich auch den Radjasahib von Mahmudabad, sich einen AL zu gönnen. Offenbar sind zwei weitere Minerva AL nach Indien exportiert wurden, darunter einer an den Maharadscha von Kolhapur, doch beide Fahrzeuge befinden sich inzwischen nicht mehr in Indien. Der Radjah Amir Ahmed Khan von Mahmudabad, einer Provinz im Norden von Uttar Pradesch, war seinem Vater, Sir Mohammad Ali Mohammad Khan, 1931 auf den Thron gefolgt und hatte eine sehr reiche Region geerbt. Obwohl der Fürst ein strenger Moslem war und ein asketisches Leben nach den Geboten des Propheten führte, gönnte er sich dennoch dieses Schmuckstück.
Nach der Unabhängigkeit Indiens und der Teilung des jungen Staates im Jahr 1947 wanderte der Fürst nach Pakistan aus, zog desillusioniert weiter in den Irak und ging danach nach London ins Exil. 1973 starb er in der britischen Hauptstadt. Sein Auto hatte er in Indien zurückgelassen. Seine

Im Jahr 2008 gewann dieser Cadillac Coupé de Ville aus dem Fuhrpark des Maharadschas von Tehri Garhwal den ersten Preis beim Concours d'Élégance Cartier in der Kategorie Klassiker.
(© Makarand Baokar)

Güter wurden von der indischen Regierung eingezogen und durften nicht verkauft werden. Das Problem wurde erst Mitte der 1990er Jahre gelöst, als der Sammler Ranjit Malik es schaffte, den Minerva zu erwerben. Die Restaurierung dieses außergewöhnlichen Automobils mit seinem 6616 ccm großen Achtzylinder erwies sich als Mammutaufgabe und beanspruchte viel Zeit. Nach ungefähr zehn Jahren verkaufte Malik die belgische Luxuslimousine schließlich an Diljeet Titus, der bereit war, einen Rekordpreis zu zahlen.

Der andere Star der Sammlung Titus stand ebenfalls wegen seiner Restaurierung nicht für Aufnahmen zur Verfügung. Der Stutz M (eines der letzten Modelle dieser M-Serie) aus dem Jahr 1930 kam erst 2008 in die Kollektion. Der Speedster mit vier Sitzen und einer Karosserie von Le Baron besitzt ein Fahrwerk mit einem Radstand von 3,42 Metern. Als Antrieb wählte Stutz einen Reihenachtzylinder mit 113 PS, der in anderen Modellen bereits seit 1926 eingesetzt wurde. Der Wagen war vom Fürsten von Baria, einem Fürstentum im Westen Indiens im heutigen Gujarat, gekauft worden. Sir Ranjitsinhji Bahadur hatte das Auto Anfang 1930 in London erworben. Er nahm es mit nach Indien, wo der Stutz bis zum ersten Besitzerwechsel in der Familie blieb. Der Tachometer verrät, dass der Wagen lediglich 16.672 Kilometer zurückgelegt hat.

Im Jahr 2004 eröffnete Titus sein Automuseum. „Die Idee hat sich nach und nach entwickelt. Ich habe zunächst damit begonnen, die Autos unter ein Dach zu stellen, dann schlugen Freunde vor, kleine Tafeln mit Informationen vor die einzelnen Wagen zu stellen." Nun sin die Preziosen also in einem veritablen Museum zu sehen, das den lateinischen Namen „Pro Bono Publico" trägt – was „zum Wohle der Allgemeinheit" bedeutet.

Der Minerva AL aus der Garage des Fürsten von Mahmudabad gehört zu den besten Fahrzeugen der Sammlung Titus. (Sammlung Diljeet Titus)

Der Rolls-Royce des Maharadschas von Baroda heute und in den 1970er Jahren. (Sammlung Diljeet Titus)

Rolls-Royce 20/25 HP, 1934

Baroda gehörte zu den fünf indischen Fürstentümern, die Anspruch auf 21 Salutschüsse hatten und war den britischen Kolonialherrschern entsprechend wichtig. Als der Maharadscha von Baroda, Malharrao, in den 1870er Jahren begann, Geld mit vollen Händen auszugeben, ohne an die Folgen zu denken, unter anderem bestellte er eine Kanone aus massivem Gold und einen Perlenteppich, und sich die Kassen seines Reiches in Rekordgeschwindigkeit leerten, schritt der Vertreter der britischen Krone ein. Die ganze Angelegenheit wurde dramatisch, als der Maharadscha versuchte, seinen Widersacher zu vergiften. Um die Krise zu beenden, wurde der Fürst schließlich nach Madras (heute Chennai) ins Exil verfrachtet.

Der Thron von Baroda war nun vakant, und so suchte die Maharani Jamnabai in den verschiedenen Linien der Dynastie nach einem passenden Nachfolger. Die Wahl fiel schließlich auf den selbstbewussten Zwölfjährigen Gopalrao, der kurz und bündig verkündete: „Ich bin gekommen, um zu regieren." Bei seiner Thronbesteigung bekam er den Herrschernamen Sayajirao Gaekward III. von Baroda. Als er 1939 starb, hatte er sich im ganzen Fürstentum den Ruf eines großen Mäzens und eines unnachgiebigen Förderers von Erziehung und Ausbildung erworben. Außerdem war er einer der ersten Unterstützer der Kongresspartei, die an der Spitze der indischen Unabhängigkeitsbewegung stand. Schon früh begeisterte sich der Herrscher für das damals noch junge Automobil und bestellte bereits zu Beginn des 20. Jahrhun-

Das französische Unternehmen Kellner kleidete den Rolls-Royce des Fürsten von Baroda ein. (© Makarand Baokar)

derts die ersten Wagen. Den ersten Rolls-Royce orderte er 1914. Der Silver Ghost besaß eine Staatslandaulet-Karosserie von H. J. Mulliner. In den folgenden Jahren fanden mindestens 25 weitere Rolls-Royces den Weg in den fürstlichen Fuhrpark von Baroda, schätzt Markenhistoriker André Blaize. Darunter war auch ein Phantom I aus dem Jahr 1927 mit vergoldeter Innenausstattung und Türgriffen aus Silber. Außerdem erwarb die Fürstenfamilie von Baroda noch mindestens einen weiteren Phantom I, vier Phantom II und drei Phantom III sowie mehrere Twenty und 20/25. Für die Karosserien beauftragten sie Spezialisten wie Mulliner, Barker, Windovers und Hooper sowie den Pariser Karosseriebauer Kellner. Warum die Wahl auf ihn fiel? Es wäre doch logischer gewesen, eines der britischen Unternehmen zu beauftragen, wie dies die anderen indischen Herrscher taten. Kellner genoss allerdings den Ruf, bessere Karosserien zu fertigen als seine britischen Konkurrenten. Außerdem besaß die Fürstenfamilie von Baroda Residenzen in Paris und an der Côte d'Azur und pflegte überhaupt enge Beziehungen zu Frankreich.

Als Maharadscha Sayajirao Gaekwand III. von Baroda einen neuen 20/25 bestellte, hielt er es für angemessen, die Karosserie bei Kellner entstehen zu lassen. Laut André Blaize taten es ihm mindestens 15 weitere Rolls-Royce-Kunden gleich. Am 27. Juli 1934 orderte der Maharadscha von Baroda bei Rolls-Royce das Fahrgestell. Die Aufzeichnungen der Marke zeigen, dass Fahrgestell GAE3 drei Wochen später am 20. August fertig gestellt war, um mit der Order „Kellner pour Baroda – Salon de Paris" ausgeliefert zu werden. GAE3 traf am 25. August 1934 in Boulogne ein, wo Kellners Karosseriefabrik stand.

Das Interieur des Rolls-Royce von Baroda. (© Makarand Baokar)

GAE3 verschwand unter einer eleganten blauen Oxford-Karosserie mit einem kirschroten Leder-Innenraum. Nach ihrer Fertigstellung wurde die Limousine nicht direkt nach Indien verschifft, sondern blieb zunächst bis Oktober in Frankreich. Im Pariser Autosalon wurde sie auf dem Stand der Firma Kellner ausgestellt. Nach letzten Feinarbeiten bei Kellner wurde der Rolls schließlich 1935 verschifft.

In Indien gehörte die Limousine eine Zeitlang zum fürstlichen Fuhrpark. Über den weiteren Verbleib ist wenig bekannt, bis am 8. März 1957 Mathurbhai Digamber aus Baroda den Rolls kaufte. Danach ging er in den Besitz von M. S. Bhathena aus Poona über, dessen Sohn Aspi eins der führenden indischen Automagazine herausgab. Ihm folgte Sharad Chandra Dongre, der den Wagen GAE3 im Jahr 1973 beim Rolls-Royce Enthusiast Club zusammen mit drei weiteren registrieren ließ: 3AZ198, GWP8 und GXO35. Im Jahr 1976 wechselte der Rolls wieder einmal den Besitzer und kam nun zu dem Sammler S. S. Chatterjea aus Mumbai, der den Wagen restaurierte und dabei die Originalfarben innen und außen erhielt.

Am 23. Januar 1978 schließlich kaufte der Millionär Mayur Madhvani GAE3 für seine Frau, die damals berühmte Bollywood-Schauspielerin Mumtaz. Diljeet Titus hatte von Mayur Madhavani 2007 bereits einen Mercedes-Benz Roadster 170 V aus dem Jahr 1937 gekauft. Doch dieses Mal benötigte er ein ganzes Jahr, um den Geschäftsmann davon zu überzeugen, ihm den Rolls zu überlassen. Am 10. November 2008 schließlich wurden seine Anstrengungen belohnt, und der ehemals fürstliche Rolls-Royce rollte endlich in seine Sammlung.

Die hervorragend restaurierte Buick-Limousine des Maharadschas von Ayodhya. (© Makarand Baokar)

Buick Serie 90, 1935

Ayodhya ist eine der ältesten indischen Städte, deren Geschichte 2500 Jahre (wenn nicht weiter) zurückreicht. Die 555 Kilometer östlich von Delhi gelegene Metropole ist eine der sechs heiligen Städte des Hinduismus und angeblich der mythische Geburtsort des Hindugotts Rama. Ayodhya ist außerdem für Buddhisten eine überaus bedeutende Stätte. Hier befinden sich einige bedeutende Tempel, und es ist erwiesen, dass die Stadt bereits existierte, als Gautama Buddha über die Welt wanderte und den von ihm begründeten Glauben verbreitete. Während der ersten Jahrhunderte der jüngeren Zeitrechnung war Ayodhya (oder Saketa, wie die Stadt auch genannt wird) die Hauptstadt der Ostprovinzen des Reiches von Kanishka. Wie viele andere indischen Städte auch wurde Ayodhya gestürmt und geplündert, als der Kriegsherr Muhammad Ghori Ende des zwölften Jahrhunderts einmarschierte.
Unter der Herrschaft der Moslems wurde die Stadt Regierungssitz des Gouverneurs von Awadh und Hauptstadt eines kleinen Fürstentums. Dessen Herrscher Jagadambika Pratap Narayan Singh erwarb wie zahlreiche seiner Kollegen mehrere Luxusautomobile. Als großzügiger Mäzen und Liebhaber der Kunst, vor allem der traditionellen indischen Musik, unterstützte der Fürst Begum Akhtar, einen der berühmtesten Vertreter von Ghazaal Gayaki, einer jüngeren Richtung der alten traditionellen indischen Musik.

UPX 119

Oberklasse-Innenarchitektur. (© Makarand Baokar)

Aufzeichnungen in den Archiven verraten, dass der Fürst kein ausgesprochener Automobil-Liebhaber war, obwohl in seiner Garage durchaus attraktive Modelle standen. Die Limousine auf diesen Seiten ist ein Buick Serie 90 aus dem Jahr 1935. Nachdem General Motors 1928 das Montagewerk in Bombay (heute Mumbai) eröffnet hatte, genossen die Marken des Konzerns in Indien einen ausgezeichneten Ruf. Während sich die reichen Kaufleute des Landes mit Chevrolets eindeckten, fühlten sich die Maharadschas mehr von den gehobenen Marken Buick und Cadillac angezogen.

Der vergleichsweise preiswerte viertürige Buick Serie 50 gehörte zu den beliebtesten Fahrzeugen. Für die Reichen und Schönen gab es die Limousinen der Serien 80 und 90. Buick hatte die Jahre der Krise dank der Beschränkung auf einen Achtzylinder und dank aktueller technischer Entwicklungen, die unter dem GM-Dach allen Konzernmarken zur Verfügung standen, einigermaßen überstanden. Buick verzichtete auf Sechszylinder-Aggregate und setzte ausschließlich auf den neuen Reihenachter mit obenliegender Nockenwelle. Dieser moderne Motor lief fast lautlos und äußerst komfortabel, sodass Buick in die Liga der Luxusmarken aufstieg. Das Modell Standard der 50er-Serie wurde von einem Achtzylinder mit 3616 ccm und 90 PS angetrieben. Die schwergewichtigeren Versionen der Serien 80 und 90 besaßen

Feine Details und Chrom-Glanzlichter. (© Makarand Baokar)

den gleichen Motor, aber mit 5650 ccm und bis zu 104 PS.

1934 hatte Buick sein neues, vollsynchronisiertes („Silent Second Synchromesh") Vierganggetriebe und die neue unabhängige Frontaufhängung („Knee Action") vorgestellt. Die Wagen waren für ihre hervorragenden Fahreigenschaften bekannt und daher vor allem in jenen Teilen des Landes beliebt, in denen die Straßen schlechter waren. Auch das Design war in Richtung eines aerodynamischen Auftritts modernisiert worden. Außerdem kosteten Buicks ein Viertel weniger als die entsprechenden Cadillac-Modelle, die ihrerseits erheblich günstiger waren als Luxusautos aus Europa. Kein Wunder, dass sich in Indien viele Liebhaber für die Marke fanden. Zu ihnen gehörte der Fürst von Ayodhya, der sich 1935 zum Kauf einer Limousine Buick Serie 90 entschloss und sie zu seiner offiziellen Staatslimousine erklärte.

Zwar hatte Buick in der großen Depression Federn lassen müssen und war auf den siebten Platz unter den amerikanischen Marken abgerutscht. Dennoch rollten immer noch zehntausende Buicks von den Bändern. Von der siebensitzigen Limousine aber, die unser Fürst bestellte, wurden 1935 ganze 191 Stück gebaut.

Titus kaufte ihn 2000 und ließ ihn aufwändig restaurieren, was sich aber als vergleichsweise problemlos herausstellte, weil kein einziges Teil fehlte. Mit einer Laufleistung von gerade 34.000 Meilen (etwas mehr als 54.000 Kilometer) befand sich der Buick noch sehr nahe am Originalzustand. Die Trennscheibe und das Rohr für die Befehlsübermittlung sind noch immer erhalten. Der Achtzylinder besitzt ein beachtliches Drehmoment. Einmal in Fahrt, kommt der Zweitonner regelrecht ins Gleiten. Der Buick gehört heute zu den Favoriten der an Attraktionen nicht armen Sammlung.

Auburn 851, 1935

Als eine Jury 1999 den einflussreichsten Designer des 20. Jahrhunderts küren sollte, gehörte Gordon Buehrig zu den 25 Finalisten, was die Fans des US-amerikanischen Kreativen restlos begeisterte. Der von Kennern als einer der einflussreichsten Designer der Vorkriegszeit geschätzte Gordon Buehrig verdankt seine Ausnahmestellung vor allem einem Entwurf aus der Zeit vor dem Krieg: dem Cord 810/812. Andere Zeitgenossen verweisen allerdings auf einen anderen großen Wurf und meinen, dass der Auburn Speedster 851 mit Bootsheck noch gelungener war. Manvendra Singh, bekannter Historiker und Restaurator aus Barwani, gehört zur zweiten Gruppe. Als er mit der Restaurierung eines Auburn beauftragt wurde, ergriff Manvendra die Gelegenheit und beschloss, den Stil der Karosserie vollständig zu verändern. Er verwandelte den Wagen in einen Speedster mit Bootsheck; für ihn die schönste jemals gezeichnete Karosserie.

Der Auburn Phaeton 851 war eine viertürige Limousine und gehörte zu den stattlicheren Autos der damaligen Zeit, was vermutlich auch erklärt, warum ein Adeliger aus dem Staat Tamil Nadu in Südindien ein derartiges Exemplar importieren ließ. Obwohl es sich beim 1935er 851 Phaeton um die Weiterentwicklung eines existierenden Modells handelte, war so viel geändert worden, dass man von ihm als von einem neuen Wagen sprechen muss. Der neue Auburn-Chef Harold Ames hatte Gordon Buehrig mit dem Entwurf einer neuen Frontpartie beauftragt, und das Ergebnis war ausgesprochen gelungen.

Der Phaeton wurde von einem Lycoming-Reihenachtzylinder mit 4589 ccm und beeindruckenden 150 PS bei 4000 Umdrehungen angetrieben. Die Leistung wurde über ein Dreiganggetriebe, das mittels Untersetzung zu einem Sechsganggetriebe mutierte, an die Hinterräder übertragen. Vorn und hinten waren halbelliptische Blattfedern montiert, für Verzögerung sorgten hydraulisch betätigte Bendix-Trommelbremsen. So war bereits der Phaeton ein modernes und leistungsfähiges Auto, der Speedster aber war es, der die Herzen der Liebhaber höher schlagen ließ.

Dennoch sollte Auburn nicht lange überleben. Die wegen der hohen Produktionskosten ohnehin angespannte wirtschaftliche Situation wurde durch undurchsichtige Börsen-Manöver des Inhabers Errett Lobban Cord (dem Mann gehörten auch die Marken Cord und Duesenberg) weiter verschlechtert und machten die Anstrengungen von Buehrig und Co. zunichte. Cord musste schließlich die Leitung abgeben, und 1937 stellten die drei Marken den Betrieb ein.

1935 und 1936, den beiden Produktionsjahren des Speedsters, entstanden lediglich 147 Exemplare. Die Chancen, dass sich einer davon nach Indien verirrte, waren minimal, doch ein Exemplar, das früher einer reichen Familie aus Kalkutta gehört hat, steht heute in der Sammlung von Pranlal Boghilal. Einen weiteren zu finden, dürfte unmöglich sein. Daher beschloss Manvendra Singh, den Phaeton 851 in einen Speedster zu verwandeln. Den Wagen hatte der Kanadier John Sanders, ein Experte für antikes Spielzeug, während einer seiner zahlreichen Reisen durch Indien entdeckt, als der Auburn bei einer Hochzeit in Madurai in Tamil Nadu als Prachtwagen diente.

Manvendra erwarb das gute Stück 1988 und begann mit dem Umbau. Er ließ den Speedster beim Auburn-Cord-Duesenberg-Club als Speedster „mit neuer Karosserie“ registrieren. Singh übernahm die Frontpartie des Phaetons von der Stoßstange bis zu den beiden vorderen Sitzen. Obwohl er sich darüber im Klaren war, dass es sich nicht um ein Original handelte, übernahm Titus nicht zuletzt wegen der Registrierung beim ACD-Club den Auburn Phaeton 851 alias Speedster und integrierte ihn in seine Sammlung.

Aus dem Auburn Phaeton wurde während der Restaurierung ein Speedster. (© Makarand Baokar)

Die Verwandlung eines Buick Super in ein Cabriolet, 1947

Auch bei diesem Modell wurde die Karosserie stark verändert. Der Buick Serie 50 Super war ursprünglich als viertürige Limousine für den Hof des Maharadschas von Bikaner, Sadul Singh, entstanden.

Direkt nach dem Zweiten Weltkrieg waren Neuwagen eine Rarität. Die meisten europäischen Hersteller waren mit dem Wiederaufbau ihrer zerstörten Fabriken beschäftigt. Die Amerikaner allerdings verstanden sich sehr gut darauf, die Situation auszunutzen und begannen 1947 mit der Produktion und dem Verkauf neuer Automobile. Doch die einzigen Modelle, die in den USA von den Bändern liefen, waren entweder viertürige Limousinen mit Ganzstahl-Karosserien oder zweitürige Cabriolets. Wer ein viertüriges Cabriolet suchte, kam nicht zum Zuge. Ein Fahrzeug bei einem der europäischen Hersteller luxuriöser Wagen, die den Krieg überstanden hatten, zu bestellen, war möglich, doch musste man lange Wartezeiten und hohe Preise in Kauf nehmen.

Der Maharadscha von Bikaner hatte im Krieg an der Seite der Briten als General im Mittleren Osten und danach in Birma gekämpft. Nun war er seit zwei Jahren wieder in seinem Fürstentum, dem die Briten zur Begrüßung 17 Salutschüsse bewilligt hatten. Dem Fürst stand der Sinn nach einem Jagdwagen, und als beste Lösung kam nur der Kauf einer viertürigen Limousine in Frage, der man anschließend

das Dach absägen musste. Das ist leichter gesagt als getan, und obendrein wünschte der Herrscher eine professionelle Lösung. Wie sein Vater war auch der Maharadscha ein ausgesprochener Autoliebhaber, und wie sein Vater mochte er große amerikanische Straßenkreuzer. Die US-Modelle boten großzügige Platzverhältnisse und hatten gute Fahrwerke, namentlich Buick stach dank Schraubenfedern hervor.

In der Region Bikaner stehen vor allem Vögel und Kleinwild auf der Abschussliste der Jäger, und so wurde ein möglichst vollständig zu öffnendes Dach gewünscht. Außerdem sollte der Buick für Ausflüge ins Gelände taugen, liegt Bikaner doch am Rand der Wüste Thar in Rajasthan.

Die Limousine wurde in die Eisenbahn-Werkstatt des Fürstentums gebracht, wo Mechaniker und Ingenieure ungestört an dem Buick arbeiten konnten. Zunächst wurde das Dach samt aller Säulen abgetrennt. Die beiden vorderen Türen wurden im Roadster-Stil weiter ausgeschnitten. Alle vier Türen erhielten obere Abschlussleisten aus Holz. Die B-Säulen wurden verstärkt und die Bodengruppe mit Querträgern versteift. Dann bekam der Wagen noch eine klappbare Windschutzscheibe und Sonnenblenden sowie ein einfaches Cabrio-Verdeck aus Leder. Das Ergebnis war das erste und einzige viertürige Cabriolet unter den 83.576 im Jahr 1947 gebauten Buicks der Serie 50.

Mechanisch hatte sich an dem Fahrzeug nichts geändert. Unter der Haube blieb der 4064 ccm große Reihenachtzylinder, der die 1,8 Tonnen Gewicht auf Touren bringen musste, unangetastet. Das Kennzeichen „Bikaner 2“ weist darauf hin, dass das Cabriolet nicht nur zur Jagd, sondern auch bei offiziellen Anlässen eingesetzt wurde. Später ging der Buick in den Besitz des Maharadschas von Tehri Garhwal über, der ebenfalls ein großer Freund US- amerikanischer Automobile war. Titus erwarb ihn schließlich für seine Sammlung zusammen mit einem Ford-Jeep aus dem Jahr 1943, einem Chevrolet BelAir von 1957 und einem Buick LeSabre Cabriolet (1959) sowie einem hervorragenden Cadillac Coupé de Ville Serie 62 aus dem Jahr 1952.

Das viertürige Cabriolet des Maharadschas von Bikaner war ursprünglich eine Limousine. Weil der Fürst einen offenen Jagdwagen benötigte, verschwand das Dach. (© Makarand Baokar)

Der Maharadscha von Nabha genoss die Ausfahrten in seinem Studebaker Commander Cabriolet. (© Makarand Baokar)

Studebaker Commander, 1947

Si Pratap Singh Malvinder Bahadur wurde erst 1940 im Alter von 21 Jahren zum Maharadscha von Nabha gekrönt, obwohl er offiziell bereits seit 1928 an der Spitze des Staates stand, nachdem sein Vater von der britischen Kolonialverwaltung abgesetzt worden war. Der wesentlich sachlicher veranlagte jugendliche Fürst war ein großer Tierfreund und gründete schließlich in den 1960er Jahren die „Wildlife Society of India". Auch für die Oldtimer-Szene Indiens hat er viel getan – immerhin hatte er sich in seiner kurzen Regierungszeit zwischen 1940 und 1948 bereits einige sehr schöne Modelle gegönnt.

Darunter war auch der hier abgebildete Studebaker Commander. Die Marke hatte sich wie Buick, Cadillac und Packard zu einem bei den indischen Fürsten sehr beliebten Lieferanten nobler Mobilität entwickelt, weil sie Modelle mit großzügigen und komfortablen Innenräumen sowie eine gute Portion Eleganz lieferten. In den Jahren gleich nach dem Zweiten Weltkrieg, als Indiens Prinzen ganz hungrig auf neue Automobile waren, hatten die US-amerikanischen Hersteller die Nase vorn und leichtes Spiel. Studebaker war in den oberen Sphären der automobilen Hierarchie unterwegs und nicht zuletzt wegen der ungewöhnlich klaren und modernen Linien besonders beliebt.

Der Mann hinter diesem Erfolg war der gebürtige Franzose Raymond Loewy, der seit 1919 in den USA lebte und sich einen hervorragenden Ruf als Designer erworben hatte. Der von ihm entworfene und 1939 vorgestellte Champion begeisterte das Publikum. Der Wagen wurde zu einem veritablen Erfolg, nicht zuletzt dank des modernen Designs. Während der Kriegsjahre baute Studebaker Lastwagen, Flugzeugmotoren und gepanzerte Truppentransporter namens Weasel. Die Designabteilung hatte in jenen Jahren keine Zeit für zivile Projekte. Im Gegensatz zu Loewy Associates. Gleich nach dem Krieg legten die Designer brandneue und hochmoderne Entwürfe vor.

So gelang es Studebaker (und Kaiser-Frazer) als erster Marke, ein neues Modell auf den Markt zu rollen. In Proportionen und Linienführung war man der Konkurrenz Lichtjahre voraus. Das neue Modell war als Champion (mit einem Radstand von 2,85 Metern) und als Commander (mit Radständen von 3,02 oder 3,12 Metern) lieferbar. Unter der Haube arbeiteten Reihensechszylinder mit 2780 respektive 3707 ccm, die 80 und 94 PS leisteten. Lieferbar waren Champion und Commander als zwei- oder viertürige Limousine, als drei- oder fünfsitziges Coupé und als Cabriolet. Die offene Variante war die kostspieligste, sodass der Maharadscha – was sonst – diese Version unter den 18 möglichen Modellvarianten wählte. Pratap Singh Malvinder Bahadur bestellte ein Cabriolet Commander Regal Deluxe.

Nachdem er sich seines Schmuckstücks einige Jahre erfreut hatte, schenkte er das Cabriolet dem Priester der Familie. Nach dessen Tod beschloss die Familie, den Studebaker zu verkaufen. So gelangte der Wagen in den Besitz einer Garage in Delhi, wo das Modell aufwändig restauriert wurde. Chadha Services Station verkaufte den Studebaker schließlich an den Sammler Harinder Singh, der ihn wiederum an Titus weitergab.

DIB 6757

Der Studebaker Commander verdankt seine Form der Design-Legende Raymond Loewy. (© Makarand Baokar)

Größere Heckflossen als 1959 beim Cadillac de Ville wurden niemals gebaut. (© Makarand Baokar)

Cadillac de Ville, 1959

Kein Automuseum wäre vollständig ohne diese Geschmacksverirrung auf vier Rädern, die gegen Ende der 1950er Jahre auf die Straße rollte. Kein anderes Auto hatte größere Heckflossen als der Cadillac de Ville des Baujahres 1959. Während der 1950er Jahre hatten sich Chrysler und Cadillac ein Wettrennen um die größten Heckflossen geliefert, den Cadillac am Ende des Jahrzehnts eindeutig für sich entschied. Der de Ville war der kitschige Höhepunkt einer Entwicklung, die bereits Ende der 1940er Jahre begonnen hatte. Nach ihm gerieten die Flossen schnell wieder aus der Mode, heute aber ist er ein gesuchter Klassiker, und Diljeet Titus besitzt ein perfektes Exemplar.

Auch dieses gute Stück hat royale Vergangenheit: Es wurde einst vom Maharadscha von Jodhpur, Gaj Singh II.,erworben. Der war zwar bei der Bestellung des Straßenkreuzers gerade elf Jahre alt, konnte sich damals aber alles leisten, was ihm gefiel. Bereits als Vierjähriger hatte er 1952 den Thron bestiegen, nachdem sein Vater Hanwant Singh bei einem Flugzeugabsturz ums Leben gekommen war.

Unter dem auffälligen pinkfarbenen Blechkleid ist der Cadillac weit weniger aufregend. Dort arbeitet ein V8 mit 6392 ccm, der 325 PS leistet, die mittels der berühmten „Hydramatic" auf die Hinterräder übertragen werden. Die viertürige Limousine (Radstand 3,3 Meter) besaß außerdem servounterstützte Bremsen und Lenkung, zwei Rückfahrschein-

Der Cadillac bot bis ins Detail ein konsequentes Design. (© Makarand Baokar)

werfer, eine Scheibenwaschanlage und Scheibenwischer mit zwei Geschwindigkeiten sowie verchromte Radkappen, Außen- und Schminkspiegel, elektrische Fensterheber sowie elektrisch einstellbare Sitze. Der jugendliche Fürst orderte darüber hinaus noch einige Extras: Radio mit Lautsprechern im Fond, Klimaanlage, Luftfederung und das sogenannte Autronic Eye, automatisches Abblendlicht, Tempomat, elektrische Zentralverriegelung, getönte Scheiben, Schutzleisten, Werkzeugkasten, eine Pedalsteuerung für das Radio, abschließbaren Tankdeckel und Teppiche im Fond. Cadillac war 1959 der erfolgreichste Luxusauto-Hersteller mit einer Produktion von 142.272 Exemplaren, darunter 12.308 de Ville.

Bei der Lackierung des extravaganten Wagens, in dem sich der Maharadscha chauffieren ließ, hatte er sich für ein eher unauffälliges Dunkelblau entscheiden. Sehr viel war er in dem Cadillac jedenfalls nicht unterwegs. Der hat nur rund 35.000 Kilometer auf dem Buckel. 1997 wurde er über eine Anzeige in „Auto India" an den Automobil-Liebhaber Hitesh Arora verkauft wurde.

Zwei Jahre später kaufte Titus den Cadillac von Arora und beschloss, ihm eine neue Lackierung in kitschigem, aber dennoch irgendwie passendem Rosa zu gönnen. Titus ist ein Cadillac-Fan und hat sieben Modelle in seiner Sammlung. Die meisten tragen elegante und nüchterne Lackierungen wie Blau, Hellgelb, Grün oder Schwarz, doch die rosafarben lackierte Schönheit springt sofort ins Auge. Unter den Freunden der Heckflossen-Modelle findet sich übrigens eine Persönlichkeit, die man dort nicht unbedingt erwartet hätte. In einem Bericht in den Veröffentlichungen der Vereinten Nationen aus dem Jahr 1960 steht ein Zitat des sowjetischen Staatschefs zu lesen: „Ich bin hier mit einem amerikanischen Cadillac angereist. Das ist ein sehr gutes Auto mit sieben Plätzen."

Nitin Dossa und sein Standard Avon aus dem Jahr 1933. (© Makarand Baokar)

Der Perlentaucher

Nitin Dossa ist seit Jahrzehnten eine unübersehbare Persönlichkeit in der indischen Sammlerszene. Der Mitbegründer des Vintage & Classic Car Club of India (VCCCI) besitzt eine sehr interessante Sammlung von 49 Fahrzeugen und ist außerdem noch Mitglied in zahlreichen anderen Organisationen.

Zwischen 1997 und 1999 war er Präsident der Western Automobile Association (WIAA) und wurde im Jahr 2003 Geschäftsführer des Verbandes. Daneben war er Vorsitzender des indischen Verbandes der Automobilclubs (Federation of Indian Automobile Associations – FIAA) und engagiert sich außerdem stark im Kampf um mehr Verkehrssicherheit. Dazu gehören unter anderem bessere Ausbildung der Fahrer und die Optimierung der Verkehrslenkung.

Doch seine ganze Leidenschaft gehört seit den 1970er Jahren antiken Fahrzeugen. Damals trat er dem Vintage Car Club of Bombay (VCCB), einem der ältesten Clubs seiner Art in Indien, bei. In jenen Jahren griff die Begeisterung für Oldtimer auch dank des VCCB von Kalkutta und Delhi auf Bombay, das heutige Mumbai, über.

Der Anfang 1963 vom damals erst 16 Jahre alten Roni Khurshedecher Khan (1947–2002) gegründete Club hatte seinen Sitz in seinem Wohnhaus im sehr vornehmen Viertel Malabar Hills. Roni Khan war ein großer Automobil-Liebhaber, der bis zu zehn antike Fahrzeuge – einige mit historischem Hintergrund – besaß. Sie sind bis heute berühmt, auch wenn sie in der Zwischenzeit den Besitzer gewechselt haben. Mit der Hilfe seines Vaters, Khurshedcher Khan, organisierte der junge Mann zahlreiche Oldtimer-Veranstaltungen wie Rallyes. Außerdem gab er ein monatliches Informationsblatt heraus.

Khan war einer der Pioniere der Bewegung, die sich um die alten Fahrzeuge in Mumbai kümmerte. Er nahm Kontakt mit den Besitzern auf, um sie von der Mitgliedschaft im VCCB zu überzeugen. Irgendwann machte auch Dossa mit. Er, Pranlal Bhogilal und Khan überzeugten die Regierung, einen Exportstopp für antike Automobile zu verfügen, die vor 1950 ins Land gekommen waren. 1972 verkündete die Regierung in Delhi das Verbot.

Im Laufe der 1970er Jahre war vom VCCB allerdings immer weniger zu hören, und nachdem die Organisation 1986 schon mehr oder weniger scheintot war, wurde sie vom VCCCI abgelöst. Der neue Verband schloss sich der Fédération internationale des Véhicules anciennes (FIVA) an, und Dossa war nun auch international im Geschäft. Heute ist er Mitglied der historischen Kommission der Fédération Internationale de l'Automobile (FIA) und Vizepräsident der Alliance internationale de Tourisme (AIT). In der Vergangenheit war er außerdem Regionalpräsident der FIA und fungiert noch immer als Präsident des indischen Rennsportverbands, bei dem die antiken Fahrzeuge registriert sind. Außerdem ist Dossa Mitbegründer und Direktor der Motorsports Association of India (MAI). Keine Frage, Dossa liebt seine Posten und vor allem die damit verbundenen Titel.

BMY 9381

Der Bentley aus dem Besitz des Maharadschas von Mysore vor der blauen Synagoge von Mumbai.
(© Makarand Baokar)

Das elegante Interieur des Bentley.
(© Makarand Baokar)

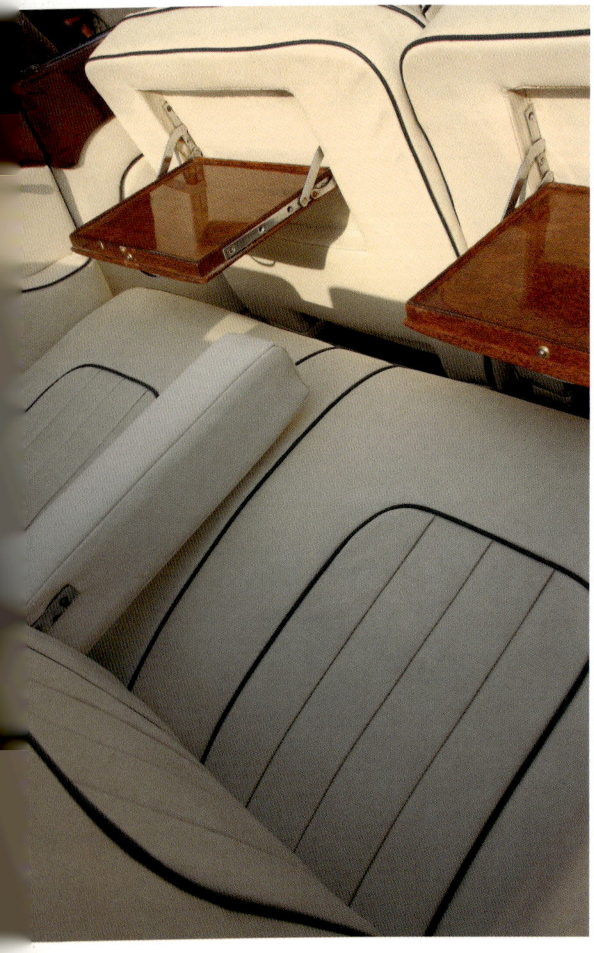

Gleichzeitig liebt er seine Automobile – alle 49. Wie viele indische Sammler hat auch er eine Schwäche für die großen amerikanischen Automobile, von denen einige Exemplare in seiner Garage stehen. Darunter ist ein sehr seltener und ungewöhnlicher siebensitziger offener Hudson aus dem Jahr 1933. Laut Dossa ist es das einzige weltweit noch existierende Exemplar. Außerdem besitzt er eine weitere US-amerikanische Rarität, ein zweitüriges Packard-Coupé Clipper Deluxe von 1946 – das einzige in Indien. Der zweite Packard in der Sammlung ist eine Limousine One Twenty aus dem Jahr 1938, den sein Besitzer während der Teilung 1947 zunächst mit nach Pakistan genommen hatte. Als er 1955 wieder zurückkehrte, brachte er auch das Auto wieder mit.

Dossa besitzt außerdem drei Cadillacs der Serie Sixty-Two von 1947, ein Cabriolet und zwei Limousinen, sowie ein Chrysler Windsor-Cabriolet von 1952, das für den Gouverneur von Madras (heute Chennai) importiert worden war. Unter den Europäern ragen ein Wolseley aus dem Jahr 1923 und ein äußerst seltener Rugby – eine längst untergangene britische Marke – hervor. Auf den folgenden Seiten stellen wir einen Bentley, Baujahr 1949, und einen sehr seltenen Standard Avon aus dem Jahr 1933 vor.

Bentley Mk VI Drophead Coupé, 1949

Napoleon ging es bei seiner Invasion Ägyptens um mehr als um einen militärischen Ausflug zu den Pyramiden. Er hatte vielmehr die Vision einer französisch-indischen Allianz gegen die Briten und einer ständigen Präsenz Frankreichs im Mittleren Osten. Er träumte davon, zusammen mit Tipu Sultan, dem „Tiger von Mysore“, gegen die Briten zu kämpfen. Dem Direktorium in Paris erklärte er, dass er gleich nach der Eroberung Ägyptens mit den indischen Fürsten Kontakt aufnehmen wollte, um mit ihnen die englischen Besitzungen anzugreifen. Talleyrand notierte am 13. Februar 1798: „Nachdem Ägypten besetzt und befestigt ist, wird man Suez mit 15.000 Mann in Richtung Indien verlassen, um sich dort mit den Truppen von Tipu Sahib zusammenzuschließen und die Engländer vertreiben.“
Die Geschichte nahm, wie wir wissen, einen anderen Verlauf. Napoleon wurde aus Ägypten vertrieben, und Tipu Sultan war allein auf sich gestellt, als die wütenden Engländer losschlugen. Die Kolonialmacht kam auf rund 50.000 Soldaten, während der Sultan gerade 30.000 Mann unter Waffen hatte. Die britischen Truppen, unterstützt von einigen indischen Fürsten, eroberten Tipus Hauptstadt Srirangapatnam. Der Sultan von Mysore kam bei der Schlacht

RJD 101

Park Ward zeichnete für die elegante Karosserie des Bentley verantwortlich. (© Makarand Baokar)

am 4. Mai 1799 ums Leben, und mit seinem Tod verschwanden auch die Chancen Frankreichs, sich Indien als Schmuckstück in sein Kolonialreich einzuverleiben.

Im 14. Jahrhundert noch ein Feudalstaat im Reich Vijayanagar, entwickelte sich Mysore nach dessen Untergang im Jahr 1565 zu einem unabhängigen Fürstentum (75.563 Quadratkilometer) und wurde vom Ende des 18. Jahrhunderts an von der Dynastie der Wodeyar bis zur Fusion mit der Indischen Union 1947 regiert.

Der letzte Maharadscha von Mysore, Jayachamaraja Wodeyar, war ein bedeutender Philosoph, Musikwissenschaftler, politischer Vordenker und Philanthrop. Daneben war er aber auch ein großer Automobil-Liebhaber mit einer Vorliebe für Bentley. In den Jahren 1946 bis 1954 kaufte er sich mindestens sechs Stück.

Dazu gehörte auch das Bentley Mk VI Cabriolet aus der Sammlung Dossa. 1949 gekauft, besitzt der Wagen eine elegante Karosserie, die in London bei Park Ward entstand. Der Bentley war mit zahlreichen Extras bestellt worden. Dazu zählten ein Luftfilter im Ölbad, Werkzeuge und zusätzliche Ersatzteile, ein seitlich montiertes Reserverad, spezielle Lucas-Scheibenwischer, große Scheinwerfer und Positionslampen. Der Fürst entschied sich eine Lackierung in Dunkelblau und für blaues Leder für den Innenraum.

Der 1946 vorgestellte Bentley Mk VI und sein Schwestermodell Rolls-Royce Silver Wraith waren als Basismodelle für die Nachkriegszeit entwickelt worden. Am Ende war der Bentley mit 4946 Verkäufen erfolgreicher als der Rolls-Royce. Markenexperte Bernard King spricht gar von 5208 verkauften Exemplaren. Auf jeden Fall war die Cabriolet-Version äußerst selten. Zwischen 1948 und 1949 entstanden lediglich 51 Exemplare. Angetrieben wurde der Bentley von dem neuen Reihensechszylinder B60 mit 4257 ccm, der bereits in den 1930er Jahren beim Bentley 4,25-Liter eingesetzt worden war. Die Gemischaufbereitung übernahmen zwei SU-Vergaser, die Einlassventile befanden sich im Kopf und die Auslassventile waren seitlich montiert. Allerdings unterschied sich die Konstruktion des Zylinderkopfes deutlich von den Vorkriegsexemplaren. Die Technik reichte aus, um den immerhin 1,8 Tonnen wiegenden Wagen (Radstand 3,05 Meter) auf eine Höchstgeschwindigkeit von 145 km/h zu beschleunigen.

Dossa hat allerdings wohl kaum vor, das auszuprobieren, nachdem der Bentley eine kostspielige und insgesamt rund fünf Jahre dauernde Restaurierung hinter sich hat. 1995 von der fürstlichen Familie von Bharatpur gekauft, stand der Bentley längere Zeit in einer sehr feuchten Garage, sodass Karosserie und Fahrwerk verrostet waren und sehr aufwendig wiederaufgebaut werden mussten. Dossa kannte zwar die Originallackierung, wählte dann aber eine zweifarbige Lackierung, „um die Linien besser zur Geltung zu bringen". Beim Concours d'Elégance Cartier im Jahr 2008 wurde der Bentley mit dem Titel für den besten Wiederaufbau ausgezeichnet.

DAVID SASSOON LIBRARY
AND READING ROOM FOUNDED 1847
LUND & BLOCKLEY OPTICIANS
LUND & BLOCKLEY - WATCH WORLD
Pvt. Ltd.
BMY 9381

Der Standard Avon aus dem Jahr 1933 erstrahlt wieder im alten Glanz. (© Makarand Baokar)

Standard Avon 16 HP, 1933

Die Standard Motor Company war weder eine sehr berühmte noch eine sehr prestigeträchtige Marke. Gebaut wurden vor allem Brot- und Buttermodelle, die zwar brauchbar, aber nicht besonders aufregend waren. Allerdings sollte nicht unterschlagen werden, dass sowohl Jensen als auch Jaguar ihre ersten Wagen auf der Basis von Standard-Fahrgestellen und –Mechanik bauten. 1903 im britischen Coventry gegründet, verschwand die Marke genau 60 Jahre später von der automobilen Landkarte Europas. In Indien überlebte sie bis 1987.

Charles Friswell, seit 1907 an der Spitze von Standard Motor, arbeitete hart, um den Ruf seines Unternehmens aufzupolieren. Er lieferte 70 Fahrzeuge an König Georg V. für den Besuch in Delhi 1911 anlässlich der Feierlichkeiten rund um die Krönung zum neuen indischen Kaiser. Das war eine geniale Werbeidee für das Automobil im Allgemeinen und für Standard im Besonderen, dennoch erwarb sich Standard in Indien nie einen starken Ruf. Auf jeden Fall nicht vor den 1950er Jahren, als die Marke in Indien als Gemeinschaftsunternehmen mit indischen Partnern auf den Markt kam. Ironischerweise sollte Standard Motor Products of India die britische Mutterfirma überleben. Der in Chennai angesiedelte Hersteller produzierte bis 1987 Automobile für den indischen Markt. Das erste Modell war der Standard Vanguard, gefolgt vom Herald und seiner Ableitung Gazel. Den Endpunkt setzte der Rover SD1, der von einem 1991 ccm großen Motor aus dem Standard Vanguard angetrieben wurde und als Standard 2000 über die indischen Straßen rollte.

Vielleicht noch etwas weniger bekannt als Standard ist Avon. Die New Avon Body Co. Ltd. produzierte einige Autos unter der Bezeichnung Standard Avon. Allerdings hielten sich die Stückzahlen in engen Grenzen, und heute existieren nur noch sehr wenige Exemplare, etliche von ihnen erstaunlicherweise in Indien. Darunter ist auch dieses äußerst bemerkenswerte Exemplar aus der Sammlung Dossa. Der Standard Avon 16 HP wurde 1933 als offener Zweisitzer gebaut. Avon, 1919 gegründet, begann gegen Ende der 1920er Jahre, Karosserien für Standard herzustellen. Damals spezialisierte sich Standard vor allem auf Limousinen.

Als John Black 1929 an die Spitze des Unternehmens zurückkehrte, war seine erste Entscheidung, Karosserieexperten wie Avon, Jensen und Swallow rollende Fahrwerke zur Verfügung zu stellen. Avon konstruierte die Karosserie eines Tourers auf dem Fahrwerk des Standard Big Nine, den Standard anschließend als Selby Standard anbot. Standard wurde außerdem auf einen von den Jensen-Brüdern Alan und Richard aufgebauten Austin 7 aufmerksam und beauftragte die beiden mit dem Entwurf einer sportlichen Baureihe. Das Ergebnis montierte Avon auf Standard-Fahrwerke. Das erste derartige Modell war 1929 der 16 HP.

Für Phil Homer, Präsident des Standard Motor Club, waren die Jensen-Brüder

Bei der Restaurierung wurden auch kleinste Details berücksichtigt. (© Makarand Baokar)

selbstständige Designer, die auf freier Basis für Avon arbeiteten. Auf jeden Fall beendeten sie kurze Zeit später die Zusammenarbeit mit dem Karosseriespezialisten und gründeten 1936 ihr eigenes Unternehmen, die Jensen Car Company. Nachdem sich die Jensens verabschiedet hatten, beauftragte Avon Charles Beauvais, Technikredakteur beim Magazin „The Motor", mit dem Design der nächsten Modelle. Diese Automobile wurden als Standard Avon angeboten. Typisch für Beauvais waren die tropfenförmigen Kotflügel, die auch die Linien von Dossas Standard Avon bestimmen. Dossas Fahrzeug wird von einem seitengesteuerten Reihensechszylinder mit 2054 ccm (65,5 mm x 101,6 mm) angetrieben, der es auf bescheidene 41 PS bei 3400 Umdrehungen bringt. Die Verdichtung liegt bei 5,4:1. Unter dem Blech handelt es sich bei der Technik komplett um die eines ganz normalen Standard. Das fahrfertige Chassis hatte Avon in Warwick direkt von Standard im 35 Kilometer entfernten Canley bezogen.

Die Marke SS (Standard Swallow), aus der sich später Jaguar entwickelte, wählte Anfang der 1930er Jahre die gleiche Methode. Man kaufte ein rollendes Chassis bei Standard samt Motor aus dem Nine und rollte den SS II auf den Markt. Später übernahm Jaguar die Technik von 16 HP und 20 HP, die zu SS 90 oder SS 100 mutierten und unter selbst entworfenen Karosserien verschwanden. SS und Avon hatten den Fahrgestell-Lieferanten gemeinsam, waren ansonsten aber Konkurrenten. SS übernahm später Werkzeugmaschinen von Standard, um zunächst die SS- und später dann die Jaguar-Modelle weiterbauen zu können.

Am 19. März 1937 traten die Avon-Verantwortlichen den Gang zum Konkursrichter an. Das Unternehmen konnte seine Schulden nicht mehr bezahlen, sodass Standard seine Lieferungen einstellte und sich Grund und Boden des gescheiterten Unternehmens sicherte. Aus Avon wurde nun Avon Motor Bodies Ltd. und ein Lieferant von Sondermodellen für Jaguar. Im Jahr 1973 wurde Avon Special Products gegründet, um Cabriolets und Umbausätze für Jaguar, Range Rover und Triumph zu liefern. 1979 übernahm Ladbrokes das Unternehmen, das nun Volvo-Limousinen herstellte. Am 31. Mai 1995 allerdings war auch dieses Kapitel abgeschlossen, und das Unternehmen schloss für immer die Tore. Am 3. Dezember 1996 folgte die endgültige Liquidation.

Die Namensrechte Standard und Triumph liegen heute übrigens bei BMW. Als der indische Tata Indica in Europa von MG Rover angeboten werden sollte, hat man angeblich überlegt, den Kleinwagen als Standard auf die Straßen zu schicken.

Peter Lee, Avon-Experte und Besitzer von zwei Exemplaren, schätzt, dass es weltweit nur noch neun von Beauvais entworfene Avon gibt, was den Wagen von Dossa noch wertvoller macht. Die acht übrigen befinden sich in Australien, in Italien, in den Niederlanden, in Irland und in Großbritannien. Außerdem haben lediglich 20 Avon 16 HP überlebt. Auch ohne fürstliche Herkunft ist dieses Fahrzeug einfach außergewöhnlich.

ARMY & NAVY BUILDING
WESTSIDE
WESTSIDE

Ein klassischer und eleganter Mercedes Typ K. (© Makarand Baokar)

Ein Deutscher in den Tropen

„Wenn du wissen willst, ob du noch zu den Besten gehörst, lohnt ein Blick auf die Liste deiner Maharadschas", hieß es bei den Herstellern von Luxusmodellen in den Jahren vor dem Zweiten Weltkrieg. Obwohl diese Liste bei Mercedes-Benz deutlich kürzer war als die bei Rolls-Royce oder die von Bentley, entwickelte sich die Marke zu einer der bei den indischen Fürsten bevorzugten. Nach und nach wurden immer mehr Autos aus Deutschland importiert.

Zum Zeitpunkt der Fusion von Daimler und Benz im Jahr 1926 war der von Paul Daimler entwickelte Mercedes Typ 630 24/100/140 PS das Spitzenmodell. Daimler räumte seinen Posten zugunsten von Ferdinand Porsche, der die Entwicklungsabteilung des neuen Unternehmens übernahm. Als die Entscheidung getroffen wurde, ein neues Modell auf den Markt zu bringen, war klar, dass dieses Fahrzeug den Ruf des Typ 630 festigen sollte. Porsche verbesserte den revolutionären Sechszylinder mit 6246 ccm und obenliegender Nockenwelle, den noch Daimler entwickelt hatte. Dank eines Roots-Kompressors wurde der 630 (später kurz und bündig K genannt) mit einer Höchstgeschwindigkeit von 145 km/h zum schnellsten Serienauto seiner Zeit. Das „K" steht übrigens nicht für Kompressor, sondern für „kurz", weil Porsche den Radstand des Typ 630 von 3,75 auf 3,40 Meter verkürzt hatte. Und die umständliche Zahlenfolge 24/100/140 steht für 24 Steuer-PS, 100 PS ohne und 140 PS mit Kompressor. Eines der ersten Exemplare des sportlichen Mercedes wurde vom Maharadjkumar Gopal Sara aus dem kleinen Fürstentum Talkree in Bihar importiert. Danach wechselte der Sportwagen in die Hände des englischen Geschäftsmanns Anthony Stewart, der für das britische Unternehmen Indian Tobacco Company in Saharanpur in Uttar Pradesch arbeitete. Anfang der 1980er Jahre wechselte der Wagen in die Garage von Cyrus Poonawala, einem aus Poona stammenden Sammler, der den Mercedes schließlich an Vijay Mallya verkaufte. Der Eigentümer des Formel-1-Teams Force India besitzt eine der wichtigsten Sammlungen Indiens, und der Mercedes ist einer der Stars dieser Kollektion.

Ein ähnliches, aber noch leistungsstärkeres und ungewöhnlicheres Modell gehörte Kunwar Alekshandra Kant Singh, dem Prinzen von Bhinga. Sein Herrschaftsbereich lag im Distrikt Bahraich in Uttar Pradesch. Bei dem Mercedes handelte es sich um ein Cabriolet des Typs K, das 1928 mit einem noch größeren Motor produziert wurde. Dieses Cabriolet trug die Zahlenkombination 24/100/180 und wurde von einem Reihensechszylinder mit 6740 ccm angetrieben. Der Kompressor ist der gleiche, der auch im Typ S (120/180) eingebaut wurde, unser Auto hat im Gegensatz zum S aber

UPF
105

Der Mercedes Typ K trat im Jahr 2008 beim Concours d'Elégance Cartier in Bombay an. (© Makarand Baokar)

nur einen Einfach-Vergaser. Seltsamerweise lässt sich im Daimler-Archiv kein Beleg dafür finden, dass ein derartiges Modell jemals gebaut wurde. Spezialanfertigungen waren jedoch in der Zeit vor dem Zweiten Weltkrieg keineswegs unüblich.

Wer den Mercedes einst importiert hat, ist unbekannt. Ob es der Prinz war, der sich einen 630 K mit mehr Leistung wünschte, oder ob der Besteller jemand anders war, lässt sich nicht mehr herausfinden. Auch auf die Frage, warum es ein 630 K mit dem größeren Motor aus dem „S" sein musste und nicht der „S" selbst, bleibt unbeantwortet. Möglicherweise hätte der Käufer einen „S" bevorzugt, wählte dann aber doch das Fahrwerk des 630, weil es wegen seiner Höhe besser für Indien geeignet war. Wie dem auch sei, der Mercedes tauchte irgendwann in Lucknow, einem nicht weit von Bhinga entfernten wichtigen Wirtschaftszentrum auf, wo die fürstliche Familie die meiste Zeit verbrachte. Der ursprünglich rot lackierte Mercedes besaß eine Holzkiste am Heck über dem Tank, in der sich Picknickkörbe unterbringen ließen. Fürst, Fürstin und die restliche Familie unternahmen mit dem Fahrzeug Ausflüge, und der Fürst fuhr mit ihm auf die Jagd. Obwohl der Herrscher ein begeisterter Jäger war, besaß der Mercedes nicht die ansonsten bei indischen Prinzen übliche Ausrüstung. Einzige Ausnahme war ein großer schwenkbarer Scheinwerfer an der linken Seite.

Kunwar Alekshandra Kant Singh war außerdem ein passionierter Motorsportfreund und besuchte regelmäßig Rundstrecken- und Bergrennen in Großbritannien. Einige Quellen wollen wissen, dass der Mercedes auch im Vereinigten Königreich an den Start ging, doch handelte es sich dabei wahrscheinlich um ein anderes Fahrzeug.

Im Jahr 1936 starb der Prinz bei einem Jagdunfall. Sein Sohn, Chandramani Kant Singh, erbte den Wagen. Eines Tages entdeckte er im Besitz seines Onkels einen Anhänger, der sich in ein Campingzelt umbauen ließ. Von dieser Idee begeistert, beschloss er, seinen Mercedes gegen den Anhänger zu tauschen. Onkel Sudershan Singh war der Fürst von Shahpurna, einem kleinen Staat in Rajasthan. Mitte der 1960er Jahre wurde der Mercedes nach Mumbai gebracht und stand dort eine Weile in der Garage des Jamsahib von Nawangar an der Little Gibbs Road im piekfeinen Viertel Malabar Hill. Von dort wurde er nach Rajkot transportiert und in einer Werkstatt untergebracht.

Der Mercedes tauchte dann anschließend in Kalkutta bei Thakur Amarjeet Singh Gunmanpura, einem Schwiegersohn von Sudershan Singh, auf. Damals hatte der Motor einige mechanische Probleme. Trotz zahlreicher Versuche von Thakur Amarjeet Singh, sie zu beheben, blieb der Wagen in der Garage der Familie, die dort fast zwei Jahrzehnte lang im Nobelviertel Alipore lebte. In dieser Zeit blieb der Wagen stillgelegt.

Gegen Ende der 1990er Jahre wechselte er in den Besitz des Automobil-Liebhabers und Restaurators Ranjit Malik. Trotz des guten Zustands und der geringen Laufleistung von rund 9000 Kilometern waren Restaurierung und mechanische Überarbeitung notwendig, deren sich Malik in den folgenden Jahren widmete. Seit dem Abschluss der Restaurierung vor einigen Jahren rollt der Wagen wieder über die Straßen, und Malik hat ungefähr weitere 1500 Kilometer hinzugefügt.

Im Sommer 2009 wechselte der Wagen erneut und für einen Rekordpreis den Besitzer. Heute steht der Mercedes in der Sammlung von Dharmaditya Patnaik, der in der Hauptstadt des Bundesstaats Orissa, Dharmaditya, lebt.

Im Jahr 1948 entstand dieser Invicta Black Prince. (© Makarand Baokar)

Der schwarze Prinz

Wir schreiben das Jahr 1947. Der Zweite Weltkrieg ist gerade beendet, Europa liegt in Trümmern, und die Automobilproduktion kommt langsam, aber sicher wieder in Fahrt. Die wenigen verfügbaren Fahrzeuge sind meistens einfach ausgerüstete Basismodelle – preiswerte Fortbewegungsmittel. Und da tönt es auf einmal aus England, dass ein bis dahin weitgehend unbekannter Hersteller „das modernste Automobil der Welt“ auf den Markt rollen werde. In der Tat besitzt das Fahrzeug ein Automatikgetriebe, Einzelradaufhängung, Heizung, Radio und eingebaute Wagenheber für alle vier Räder.

Damals war der Invicta Black Prince das absolute Superauto, dem bei seiner Vorstellung die Schlagzeilen gehörten. Doch mit 3579 Pfund gehörte er zu den teuersten britischen Automobilen der Nachkriegszeit, teurer noch als ein Bentley Mk VI. Zugegeben, der war technologisch nicht sonderlich fortschrittlich, doch dafür ein zuverlässiges Fahrzeug mit einem klangvollen Namen – und mit einigermaßen angemessenen 2997 Pfunderheblich günstiger. Selbst ein Daimler war preislich noch einmal eine Klasse darunter angesiedelt. Und nun kam ein Emporkömmling namens Invicta daher und forderte die Etablierten mit dem Schwarzen Prinzen heraus.

Für die Freunde aufwändiger Mechanik war der Black Prince nicht nur ein Fahrzeug mit 120 PS und 145 km/h Höchstgeschwindigkeit, sondern vielmehr ein Beispiel dafür, wie das Auto der Zukunft aussehen sollte. Einzelradaufhängung mit Drehstabfederung sowie innenliegende hintere Trommelbremsen hoben ihn aus der Masse heraus. Der Motor war ein Meisterstück und eigens für den Black Prince entworfen. Die Serienkarosserie bestand wie im Flugzeugbau aus Aluminiumblechen auf einer Alu-Kastenrahmen-Konstruktion. Die Verarbeitung war makellos, und es war an nichts gespart worden. Last but not least war es das erste britische Auto mit Automatikgetriebe.

Jayachamaraya Wodeyar war der 25. und letzte Maharadscha von Mysore, einem der bedeutendsten indischen Fürstentümer und zweifellos reich genug für den Invicta. Mysore gehörte zu den fünf indischen Staaten, denen ein 21-Schuss-Salut zustand, und erstreckte sich über 75.500 Quadratkilometer. Das Fürstentum war der viertgrößte indische Staat. Der letzte Fürst war gleichzeitig auch einer der bekanntesten Monarchen des Landes. Der Intellektuelle, Kunstliebhaber und Freund der Wissenschaft war der einzige Sohn des Kronprinzen Kanteerava Narasimharajah Woderyar und seiner Frau Kempu Cheluvaja Amanni.

1938 hatte er das Maharadscha-College von Mysore mit Auszeichnungen und akademischen Ehrenmedaillen verlassen. Im gleichen Jahr heiratete der jugendliche Fürst und unternahm ein Jahr später eine Europareise. Während seines Aufenthaltes in London traf sich der junge Fürst mit zahlreichen Künstlern und Intellektuellen. Mit gerade 21 Jahren bestieg er am

BMU. 3935

Very british und sehr elegant – der äußerst seltene Invicta Black Prince.
(© Makarand Baokar)

8. September 1940 nach dem Tod seines Onkels Jayachamaraja Wodejar den Thron. Am Vorabend der indischen Unabhängigkeit unterzeichnete er die von August 1947 an wirksamen Vereinbarungen über den Beitritt in den indischen Bundesstaat. Am 26. Januar 1950 schließlich trat Mysore der indischen Union bei. 1948 unternahm der Fürst eine lange Urlaubsreise nach Europa und wählte für diesen Ausflug ein Fahrzeug, das man ihm in Großbritannien als den absolut letzten Schrei vorstellte und das er bei seiner Ankunft kaufte.

Der Black Prince des Maharadschas hat die Invicta-Fabrik am 30. Mai 1948 verlassen. Die Karosserie stammte von dem Designunternehmen Airflow Streamlines in Northampton und trug das traditionelle British Racing Green in zwei Tönen. Der Fürst nahm auf Sitzen Platz, die mit feinstem grauem Conolly-Leder bezogen waren. Bei seiner ersten Ausfahrt empfand der Maharadscha seine Neuerwerbung etwas schwer und schwierig zu beherrschen. Auf der anderen Seite zeigte sich der Antrieb von seiner besten Seite. Die Beschleunigung war ein reines Vergnügen, doch auf der anderen Seite gab es da ein kleines Problem: Der Invicta verspürte keine Lust, rückwärts zu fahren. Deshalb konnte der Fürst seinen neuen Wagen nicht auf die geplante Europa-Tour nehmen. So wurde der Invicta nach Indien verschifft, und der Maharadscha kaufte kurzentschlossen einen Bentley (einen von sechs, die er während seines Lebens erwerben sollte). Invicta war von Captain Noel Macklin mit finanzieller Unterstützung des reichen Industriellen Oliver Lyle gegründet worden. Die Fahrzeuge wurden in Macklins Garage in Surrey montiert. Mit Hilfe seines Mechanikers William G. Watson, der ihn schon vor dem Ersten Weltkrieg bei Rennen begleitet hatte, entstand der erste Prototyp, der von einem Coventry-Simplex-Motor angetrieben wurde. Das erste Serienmodell wurde 1925 hergestellt und von einem 2,5-Liter-Sechszylinder auf Touren gebracht. Der Meadows-Motor war mit einem Viergang-getriebe verbunden und wuchs 1926 auf drei Liter. Bis zum Produktionsende 1929 wurden rund 200 Exemplare in der Manufaktur hergestellt. 1930 folgte der S-Type mit einem Meadows-Aggregat mit 4,5 Litern

Hubraum, der in einem tiefergelegten Fahrwerk montiert war und den Wagen auf beachtliche 160 km/h beschleunigte.

Sportliche Erfolge mit Invictas feierten Macklins Schwägerin Violet Cordery und Donald Healey. Unter anderem siegte Donald Healey 1931 bei der Rallye Monte Carlo. Doch 1935 musste sich das Unternehmen den wirtschaftlichen Bedingungen beugen und die Produktion einstellen. Macklin suchte sich andere Aktivitäten.

1946 allerdings wagte sich Invicta wieder auf die automobile Bühne zurück und begann in einer neuen Fabrik in Virginia Water mit der Herstellung sportlicher und vor allem kostspieliger Modelle. Während also die meisten Zeitgenossen das wirtschaftliche Trauma des gerade beendeten Weltkriegs versuchten zu verdauen und viele Unternehmen ums Überleben kämpften, betrieb die Invicta Car Development Company eine ungewöhnliche Politik. Es ist viel darüber spekuliert worden, was die Marke veranlasst haben könnte, ein derart radikal innovatives und vor allem kostspieliges Fahrzeug auf den Markt zu bringen, als die meisten Menschen Probleme hatten, ihren Lebensunterhalt zu verdienen. Die am meisten verbreitete Hypothese ist der Glaube an einen schnellen Aufschwung.

Die Verantwortlichen bei Invicta beschlossen daher eine mutige Strategie und produzierten ein spektakuläres Modell voller technischer Innovationen, das für einen sehr hohen Preis angeboten wurde. Diese Neuheiten, so glaubte man, mussten die wohlhabende Kundschaft anziehen, und der hohe Preis musste den Wagen wiederum zu einem profitablen Geschäft machen. Dieser Plan sah einfach zu gut aus, um zu scheitern. Tat er dann aber doch, weil sich die Wirtschaft nicht wie erhofft erholte. Der entscheidende Grund für das Scheitern war am Ende aber der Wagen selbst.

William G. Watson, der einzige Ingenieur, der bereits früher bei Invicta mitgearbeitet hatte, sollte die neue Generation entwickeln. Für den Black Prince wählte er wieder einen Meadows-Motor – dieses Mal war es ein Dreiliter-Reihensechszylinder mit zwei oben liegenden Nockenwellen und Doppelzündung mit zwölf Kerzen, der

Der Hüter des Schatzes: Kuverji Gamadia.
(© Makarand Baokar)

Das Dach lässt sich in drei Stellungen öffnen.
(© Makarand Baokar)

Pate: Der Schwarze Ritter.
(© Makarand Baokar)

INVICTA

Für Gepäck und Passagiere war ausreichend Platz vorhanden.
(© Makarand Baokar)

120 PS leistete. Der Black Prince war schon deshalb etwas Besonderes, weil er komplett ohne Vorkriegsteile und -systeme auskam.

Neben der aufwändigen Radaufhängung und den integrierten Wagenhebern war er mit Batterieladegerät, elektrischer Vorwärmung für Wasser und Öl sowie einer Smiths-Heizung ausgestattet. Das trieb nicht nur den Preis in atemberaubende Höhe, das sorgte auch für ordentliches Gewicht. Der Black Prince brachte 1,75 Tonnen auf die Waage.

1947 beliefen sich die Entwicklungskosten auf schwindelerregende 100.000 Pfund. Als ursprünglicher Verkaufspreis waren 2940 Pfund avisiert worden. Doch binnen zweier Jahre ging der Preis durch die Decke und lag am Ende bei 3579 Pfund. Einschließlich der von der Labour-Regierung verfügten Luxussteuer musste man 3890 Pfund für den Black Prince bezahlen, 1000 mehr als für den Bentley Mak VI.

Invicta lieferte den Kunden ein fahrfertiges Chassis, für das 1850 Pfund fällig wurden. Die Kunden konnten nun zwischen zwei Karosserien wählen: einem Drophead Coupé von Byfleet oder einer Limousine von Wentworth. Der Maharadscha brachte sein Fahrgestell zu Airflow Streamlines in Northampton, wo eine Karosserie montiert wurde, die dem Drophead Coupé ähnelte. Für das Coupé wurden 2500 Pfund fällig. Der Preis für die Limousine wurde nur auf Anfrage genannt. Die viertürige Limousine entsprach dem US-Design der Epoche, während das Cabriolet ausgesprochen angelsächsische Züge trug.

Bei den technischen Innovationen sorgte vor allem die Getriebeautomatik für Gesprächsstoff. Die von Brockhouse produzierte Vollautomatik besaß einen Drehmomentwandler mit praktisch endlos vielen Übersetzungen (von 15:1 bis 4,27:1) und einen simplen Vorwärts-rückwärts-Schalter. Prinzipell war der Invicta vorwärts genauso schnell wie rückwärts. Das Problem bestand nun darin, dass die von Invicta entwickelte Automatik nicht ausreichend getestet worden war. In der Theorie gab es keine Probleme, doch im Alltag sorgten immer wieder technische Defizite für Rückschläge. Die Vorwärtsfahrt stellte nie ein Problem dar. Doch der Umschalter für den Rückwärtsgang streikte in der Regel umgehend, wenn der Fahrer sich nicht genauestens an die Bedienungsanweisung hielt – und das passierte den meisten gleich nach der Auslieferung.

Je nach Angaben verließen 16 oder 18 Black Princes die Manufaktur, bevor sich die Nachricht von der Getriebeschwäche verbreitete und weitere potenzielle Kunden vom Kauf abschreckte. 1950 war Invicta pleite. Von den bis dahin gebauten Fahrzeugen existieren noch 13, darunter fünf Dropheads. Als das Unternehmen abgewickelt wurde, fanden sich noch 20 Chassis in der Manufaktur – sie wanderten in die Schrottpresse!

Das Interieur passt zum Exterieur. (© Makarand Baokar)

Auch der Maharadscha von Mysore machte die unliebsame Erfahrung mit dem Richtungs-Wählschalter. Er ließ den Wagen nach Bagalore verschiffen, wo sich allerdings niemand fand, der mit dem defekten Getriebe fertiggeworden wäre. Jayachamaraja Wodeyar war zwar ab 1950 nicht länger Maharadscha, aber nunmehr Gouverneur des Bundesstaats Mysore. Dieser Posten nahm ihn voll und ganz in Anspruch, und weil er zudem über eine gut gefüllte Garage verfügte mit rund 60 von seinem Onkel geerbten Autos plus mindestens sechs selbstgekaufte Bentleys sowie zahlreiche Rolls-Royces und Daimlers, war der Invicta eigentlich bloß noch eine Belastung.

Im Mai 1952 hatte der Gouverneur schließlich jedes Interesse an dem unfahrbaren Exoten verloren. Er beschloss, sich vom Schwarzen Prinzen zu trennen und verkaufte ihn Maharadscha Bhojirajsinhji Bhagvatsinhji von Gondal, der den Wagen in das 170 Kilometer von Bombay entfernte Poona transportieren ließ, um ihn seinem jüngsten Sohn Shivrajsinhji zu schenken, in dessen Fuhrpark der bereits beschriebene Mercedes 500 K stand. Dem jungen Prinzen gelang es, den Wagen einigermaßen reparieren zu lassen, und er brachte ihn nach Mumbai. Hin und wieder ließ er sich noch von einem livrierten Chauffeur mit dem Invicta ausfahren. Der Wagen trug das Kennzeichen Gondal 25, was sich allerdings änderte, als die indische Regierung verfügte, dass auch die Fahrzeuge der Maharadschas bürgerliche Kennzeichen tragen mussten.

Nachdem die Automatik wieder einmal versagt hatte, wurde der Invicta zu Ruby Motors in Mumbai gebracht. 1961 verkaufte der Maharadscha von Gondal seinen Black Prince an einen gewissen Frederick John Vickery. Der Ingenieur und Generaldirektor des Unternehmens Leech & Company war felsenfest davon überzeugt, dass er das Getriebe wieder in die Gänge bringen würde und beschloss, es in einem ersten Schritt vollständig zu zerlegen. Kurze Zeit später wurde er ins Ausland versetzt und verkaufte den Wagen einschließlich des Getriebes in Einzelteilen an einen reichen Enthusiasten.

Die technische Dokumentation des Invicta. (Sammlung des Besitzers)

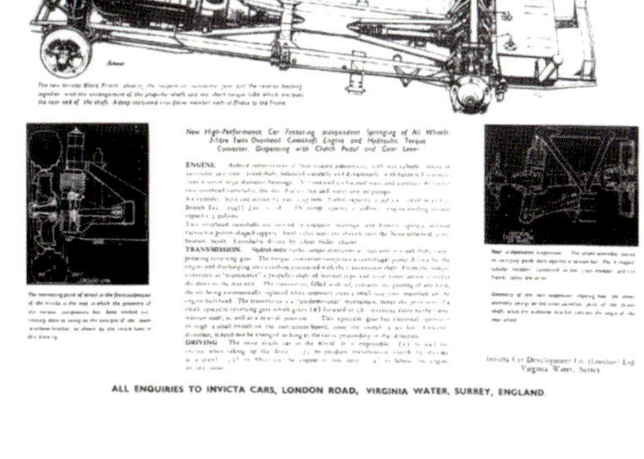

Bis heute blieb der Wagen im Besitz von dessen Familie. Ohne funktionierendes Getriebe musste der Invicta in seine neue Garage geschoben werden, wo man – leider erneut vergeblich – versuchte, die Schaltung zu reparieren. 1964 beschloss man daher, das Brockhouse-Getriebe gegen eine moderne Dreigangautomatik von Borg Warner austauschen. Endlich, nach 16 Jahren, ließ sich das Auto vernünftig bewegen.

Danach erlebte der Invicta mehrere Phasen der Restaurierung, von denen die letzte im Jahr 2003 abgeschlossen war. Inzwischen besitzt der Wagen einen zusätzlichen elektrischen Kühlventilator, der ihn im Stadtverkehr vor Überhitzung bewahrt. Der Black Prince lässt sich erstaunlich leicht fahren und scheint Schlaglöcher kaum wahrzunehmen. Die Lenkung ist überdies präzise und leichtgängig – bis der Fahrer einparken will. Das ist eine veritable Herausforderung für die Armmuskulatur. Das Dach lässt sich in drei Stellungen öffnen: In der ersten genießen nur die beiden vorne Sitzenden Frischluft, in der zweiten kommen auch die Fondpassagiere in den Genuss des Offenfahrens, und schließlich lässt sich das Verdeck vollständig versenken. Der Innenraum ist großzügig bemessen, was bei einer Länge von knapp 4,9 Metern nicht überrascht. Außerdem bot der Invicta im Vergleich zu seinen zeitgenössischen Mitbewerbern ein angenehmeres Fahrverhalten. Das Borg-Warner-Getriebe ist zwar eine ziemlich charakterlose Mechanik, dafür aber zuverlässig, und der Sechszylinder bietet anständiges Drehmoment und ausreichende Leistung.

Die Familie, in deren Garage der Invicta seit 1964 steht, gehört zur Minderheit der Parsen, einer religiösen Gemeinschaft, die den Lehren von Zarathustra anhängt. Folgt man der Überlieferung, dann stammen die Parsen aus dem Iran und wanderten vor mehr als 1000 Jahren in das westliche Indien ein, um den Verfolgungen durch Moslems zu entgehen. Im Laufe der Geschichte integrierten sich die Parsen in die indische Gesellschaft, ohne jedoch ihren Glauben zu verlieren. Insgesamt soll es heute noch 100.000 Mitglieder dieser Religionsgemeinschaft geben, von denen allein 70.000 in Mumbai leben.

Die Parsen gelten als außerordentlich genau. Die inzwischen dritte Eigentümergeneration des Invicta fühlt sich noch immer dem Wagen verbunden und kümmert sich um ihn wie um ein älteres Mitglied der Familie, die mittlerweile eine Art lebende Enzyklopädie über den Invicta ist. Sie hat ein beachtliches Archiv mit allen erdenklichen Informationen über den Black Prince mit der Fahrgestellnummer 111 zusammengetragen. In den Akten findet sich auch ein Schreiben von Brockhouse vom 10. Januar 1957, in dem jegliche Haftung für das Getriebe abgelehnt wird, weil es sich nicht um eine eigene Entwicklung handelte, sondern man das Getriebe lediglich nach den von Invicta gelieferten Zeichnungen gebaut habe.

Der Black Prince wird heute regelmäßig – vor allem an den Wochenenden – gefahren. Auch bei Familienfesten ist er gerne gesehen. Dennoch hat er in mehr als 60 Jahren erst 32.000 Kilometer zurückgelegt.

Warum „Black Prince"?

Es gibt allerlei Spekulation darüber, wie der Name des edlen Wagens zustandegekommen ist. Wahrscheinlich setzte das Unternehmen auf eine Fortsetzung der Tradition, denn der Invicta 4,5 Liter war als „Black Knight" (schwarzer Ritter) bekannt. Der historische Schwarze Prinz war Prinz Edward Plantagenet, ältester Sohn und Thronfolger von König Edward III. von England. Er starb allerdings noch ein Jahr vor seinem Vater, sodass sein Sohn als Richard II. den englischen Thron bestieg.

Edward Plantagenet wurde 1330 geboren und wegen seiner zahlreichen Siege berühmt. Sein bemerkenswertester Triumph war die Gefangennahme des französischen Königs Jean II. am 19. September 1356 während der Schlacht von Poitiers. Seinen Namen verdankt er seiner schwarzen Rüstung. Invicta hatte als Kühlerfigur den schwarzen Prinzen in seiner Rüstung gewählt. Edward gelangen die meisten seiner Siege übrigens nicht dank ausgefeilter Strategie, sondern vielmehr dank zahlenmäßiger Überlegenheit. Auch Invicta setzte auf eine Vielzahl von überlegenen Details, um die Mitbewerber zu schlagen. Vergebens hofften die Invicta-Verantwortlichen jedoch auf einen überlegenen Sieg.

Nachwort

Anfang der 2000er Jahre wurde die Marke Invicta zum dritten Mal wiederbelebt. Der Invicta S1, angetrieben entweder von einem 4,6- oder von einemFünfliter-V8-Motor von Fords Special Vehicle Team (SVT), wurde als der Welt erstes Auto mit einer einteiligen Karosserie aus Kohlefaser vorgestellt. Die soll besonders steif und leicht sein, und das Fahrwerk wird als das stabilste gepriesen, das jemals in Großbritannien getestet worden sei. Die Höchstgeschwindigkeit liegt bei 270 km/h, die Leistung bei 320 PS.

Schönheiten im Exil

Erstaunlich viele der automobilen Raritäten, die einst auf den Subkontinent kamen, befinden sich noch im Land und – wie wir gesehen haben – zum Teil auch noch im ersten Familienbesitz. Im Lauf der Jahrzehnte ließ es sich freilich nicht verhindern, dass einige der Schmuckstücke das Interesse von Sammlern außerhalb Indiens weckten. So finden sich ein paar der eindrucksvollsten Stücke in Sammlungen in aller Herren Länder. Sie sollen hier nicht unterschlagen bleiben und werden nun am Ende des Buches über die Traumgaragen der Maharadschas kurz vorgestellt.

Da wäre zunächst der Farman A6 B, den der Maharadscha von Idar, Man Singhji Dowlat Singhji, 1919 kaufte. Henri Farman, ein französischer Luftfahrtpionier mit englischen Wurzeln, baute auch Autos, Luxusautos von einzigartiger Qualität und mit sehr moderner Technik. Vielleicht war es die Verbindung zur Luftfahrt, die den Maharadscha zum Kauf verlockte, gehörte er doch zu den Gründungsmitgliedern des Mumbai Flying Club. Der Farman ist etwas ganz besonderes mit seiner außergewöhnlichen viertürigen Torpedo-Karosserie und Bootsheck. Getreu dem Klischee soll der Wagen übrigens zur Tigerjagd benutzt worden sein, obwohl es in Idar Raubkatzen dieser Art gar nicht gegeben haben soll. Nachdem es durch mehrere Hände gegangen war, wurde das Auto Ende der 1980er Jahre aus Indien herausgeschmuggelt und befindet sich heute in einer Privatsammlung, nachdem es 2008 auf der Rétromobile in Paris zu sehen war.

Die nächste in der Reihe der exilierten Schönheiten ist ein Hochzeitsgeschenk. Den Talbot-Lago T150-C-SS hatte Paramjit Singh, Angehöriger der königlichen Familie von Kapurthala und künftiger Maharadscha sowie Mitglied der Pariser High Society in den 1930er Jahren, 1937 seiner Braut gekauft. Das war die umschwärmte Schönheit Astella (Stella) Alice Mudge aus England, die einer der Stars des berühmten Pariser Kabaretts Folies Bergères war. Stella, bekannt als die „indische Rose“ behielt das Auto zwei Jahre lang. Ein Playboy aus Südkalifornien kaufte den Traumwagen. Tommy Lee setzte das 185 km/h schnelle Sportcoupé gar bei Rennen ein. Nach Lees Tod 1950 ging der Wagen durch mehrere Hände und blieb dann 50 Jahre abgestellt. 2004 kaufte es die Nethercutt Collection, ein Automuseum in Los Angeles. Aufs Akkurateste restauriert, macht der Talbot-Lago heute wieder das, was er schon den 1930er Jahren mit großem Erfolg tat: Pokale in Schönheitskonkurrenzen gewinnen.

Nummer drei und vier sind zwei der bekanntesten Rolls-Royce überhaupt. Der berühmte „silberne Phantom von Hyderabad“ war natürlich nicht aus Silber, sondern hat eine auf Hochglanz polierte Aluminiumkarosserie von Barker. Der Premierminister von Hyderabad, Nabob Wali-ud-Dowla hatte sich den damals ganz neuen Phantom, Nachfolger des Silver Ghost, 1926 gekauft. Er behielt ihn bis zu seinem Tod, und danach diente das beliebte Auto mindestens 100 Bräuten als Hochzeitskutsche. Der „silberne“ Rolls galt als glückbringendes Auto. Erst 1966 trennte die Familie sich von ihm, nachdem ein englischer Sammler namens William Meredith-Owen sich zwei Jahre und mehr als 200 Briefseiten lang das Vertrauen der Familie hatte erwer-

Das Design des Farman war zum Zeitpunkt seines Erscheinens eine veritable Sensation. (© Michel Zumbrunn)

ben müssen. Seit 2000 steht das Schmuckstück im Louwman-Museum in Den Haag.
William Meredith-Owen holte auch den „Stern von Indien" nach Großbritannien, den vermutlich berühmtesten Rolls-Royce aller Zeiten. Ebenfalls mit spiegelblank polierter Alu-Karosserie, allerdings mit safrangelbem Lack für das Passagierabteil, hat der majestätische Phantom II immer wieder Schlagzeilen gemacht, war leuchtender Bestandteil der Paraden zum 25. wie zum 50. Thronjubiläum der Queen, wurde 2001 bei einem Motorbrand fast völlig zerstört, wieder aufgebaut – inklusive der beeindruckenden Lampensammlung vor dem Kühler und rund um die Windschutzscheibe – und gehört heute einem privaten Sammler.
Den Schluss macht ein Auto, das schon wegen seines eleganten und klangvollen Namens Aufmerksamkeit verdient. Isotta Fraschini heißt die italienische Nobel-Marke, von der dieser Sedanca de Ville stammt, mit dem der junge Radscha Sajid Hussain von Kotwara sich zur Uni in Edinburgh chauffieren ließ. 1932 nahm der Radscha seinen drei Jahre alten Isotta mit heim nach Indien in die Garage des Anwalhare-Palastes. Es war ein echter Chauffeurswagen mit einer Leuchttafel am Armaturenbrett. Sie zeigte dem Fahrer, was die Herrschaft im Achterschiff wollte: links, rechts, nach Hause, umdrehen, langsam oder stopp. Später gehörte der Wagen unter anderem Peter Grant, Musikproduzent der Band „Led Zeppelin".

Das Auto eines Revuestars, der zur Maharani wurde: Der sensationelle Talbot-Lago. (© Vince Manocchi/Nethercutt Museum)

Glänzende Erscheinung: Der berühmte „silberne Phantom von Hyderabad“ mit seiner hochglanzpolierten Alu-Karosserie. (© Louwman Museum)

„Stern von Indien": Der frühere Besitzer, Rolls-Sammler Hans-Günter Zach, nannte den Phantom II nach dem 593-Karat-Saphir, der Indiens Nationalflagge zierte. (© Anne Castagnos-Sen)

Exklusiv für die sehr Reichen und die Schönen: Der Isotta Fraschini, den einst Karossier Sala einkleidete. (© Sunil Bajaj)

Danksagungen

Um die Geschichte der einzelnen Marken, der verschiedenen Modelle und ihrer Besitzer aufzuzeichnen, habe ich viele Zeitgenossen angesprochen, die mir sehr wertvolle Hilfe geleistet haben. Ihnen gilt mein ganz besonderer Dank. Ohne sie hätte ich das Buch nicht vollenden können:
Ashok Advani, Meera und Muzaffar Ali, Behram Ardeshir, Sunil Bajaj, Gordon Barrett, Manvendra Singh Barwani, Pranlal Bhogilal, Pheroza Bilimoria, Eve Billa, André Blaize (Ghost Club International), Chris Brown (Petersen Automotive Museum), Debashish Chakravarti, Xavier de la Chapelle, Amy Christie (RM Auctions), Colin Clark, Graeme Cocks, Gaspard Debiesse, Marguerite Debiesse, Christian Descombes, Atul Deshmukh, Nitin Dossa, Anu Dutt, John Fasal, Claude Figoni, Malcolm Forest, Raphael Galdos del Carpio, Marzia Gandini, Varun Gopalia, Shohini Ghosh, Peter Grant (Daimler & Lanchester Owners Club), Frederic Guihal, Abul Hasan Bax, Jules Heumann, Phil Homer (Standard Motor Club), Yuvaradj Himanshusinh Jedeja, Jyoti Jasol (Eternal Mewar), Rachna Josan, Maharadscha Jyotendrasingh von Gondal, Leslie Kendall (Petersen Automobile Museum), Chris Kidd, Ravi Kumar (Calcutta Motor Sports Club), Claudine Latouille, Peter Lee, Alexandra Legendre, Bernd Lehmann, Ranjit Malik, Skip Marketti (Nethercutt Collection), Pranita Mayekar, Padmaja Kumari Mewar von Udaipur, Joseph Mingolla II., Jayanta Mitter, Simon Moore, Kenizé Mourad, Victor Muller, Shelby Myers (RM Auctions), Cathy und Roberto Nieddu, Kashyap Patel, Dharmaditya Patnaik, Dr. Ravi Prakash, Rupali Prakash, Jitendra Rathore, Marie Ringeard, Suchandra Roy, Tania Roy, Peter Ruifrok (Daimler & Lanchester Owners Club), Bob Rupani, Rochus Schoorl (Louwman Museum), Amit Sen, Anamit Sen, Awini Ambuj Shanker, Maharadscha Dalip Singh von Jodhpur, Anu Vikram Singh, Thakur Sundar Singh, Veer Vikram Singh, Dushyant Singh Rathore, Maharadscha Umeg Singhji von Idar, Maharadscha Durgapratapsinh Sisoda von Pratapgarh, Steve Stuckey, Pauline Tardieu-Debiesse, Diljeet Titus, Harit Trivedi, Hans Veenenbos, Julian Williamson, Colin Wilson, Hans-Günter Zach.

Für meine Frau Anne und meinen Sohn Milan für ihre wertvolle Hilfe, ihre Unterstützung und Geduld.

Impressum

HEEL Verlag GmbH
Gut Pottscheidt
53639 Königswinter
Telefon 0 22 23 / 92 30-0
Telefax 0 22 23 / 92 30 13
info@heel-verlag.de
Internet: www.heel-verlag.de

Der Originaltitel „Joyaux Automobiles des Maharadjahs" ist erschienen bei:
E-T-A-I, Antony Parc 2, 10 place du général de Gaulle, 92160 Antony, Frankreich

Deutsche Übersetzung: Walther Wuttke

Lektorat: Jost Neßhöver

Umschlaggestaltung/Deutsche Layout-Adaption: Rainer Roßbach

Printed in Slovakia

ISBN 978-3-86852-676-9